正しく怖がる

フィッシング詐欺

大角祐介 著

Ohmsha

まえがき

本書ではインターネットを安全安心に使うために、フィッシング詐欺に対しての基礎知識を理解するとともに、その対策方法もあわせて身に付けていただくことを目的としています。

想定する読者は、日々インターネットを利用しており、「便利ではあるものの、ネット詐欺などのセキュリティが気になる」という現在の日本の多くのネットユーザです。また、これから社会に出る前に基礎知識を身に付けて欲しいという思いから、高校生・大学生の方へのメッセージもところどころに含めています。

プログラミングやネットワーク、インターネットのしくみについては、必要な部分は本書内で解説しています。そのため、事前の特別な知識は不要です。ふだんスマートフォンやPCを利用して、SNSやメールのやりとり、ネットショッピングを楽しんでいるくらいの初歩的なIT知識があれば十分です。

環境

本書でフィッシングサイトのスクリーンショットを掲載する際は、PCの場合は主にmacOS、スマートフォンの場合はiPhoneまたはAndroidを利用しています。一方、読者の皆さんの環境は問いません。皆さんがWindowsやiPad、あるいはゲーム機器内のインターネット閲覧機能など本書で利用していない方法を使ってインターネットを利用していても、フィッシング詐欺という行為自体の脅威やリスクは変わらないためです。

マルウェア（いわゆるコンピュータウイルス）と違い、機器を選ばず攻撃できるところが、フィッシング詐欺の恐ろしさでもあります。これはフィッシング詐欺が、人の心をだますソーシャルエンジニアリングという手法を使っているためです。

本書ではこの点についても詳しく解説します。

読者への注意

本書では多くのフィッシングサイトを紹介しており、この構築手法についても解説しています。これらのWebサイトを実際に作成しインターネット上に公開すると、不正アクセス禁止法など各種法令に触れるおそれがあります。

本章の内容を参考に実験等をおこなう際は、信頼のおけるIT技術者の指導のもとにおこない、また作成したWebサイトは絶対に外部に公開しないよう注意してください。

また、本書を悪意のある目的に利用することについては、筆者、出版社ともに認めません。

本書内のスクリーンショットについて

フィッシング詐欺の偽サイトには、多くの場合に正規Webサイトのロゴが使われています。防犯的な観点から、また正しい情報で被害者を減らすという意図から、原則、フィッシングサイト例示の際には、これらのロゴ等はそのまま掲載しました。不幸にもフィッシングサイトに悪用されてしまった会社様・団体様には、お見舞い申し上げるとともに、ご理解いただけますと幸いです。

謝辞

本書の執筆にあたり、大変多くの方の資料を参考にさせていただき、また多くのご助言を頂きました。また、特に以下3名の方には大変に多くのご助力を頂きました。

・KesagataMe 様 `@KesaGataMe0`

・Naomi Suzuki 様 `@NaomiSuzuki_`

・Phish Actors Expose! 様 `@ActorExpose`

この他にも、多くの方からのご協力なしには本書の執筆はできませんでした。この場を借りて、全ての皆さまにお礼を申し上げます。

2021年9月吉日

著者記す

目　次

本書を悪意のある目的に利用することについては、筆者、出版社ともに認めません。
本書に掲載の URL ほか情報は、本書執筆時点のものです。

第1章 フィッシング詐欺とは

インターネットはとても楽しく便利なものですが、その一方で残念ながら多くの犯罪にも使われています。皆さんもふだんインターネットを利用していて、怪しいメールを受け取ったことがあることでしょう。**それらのメールはサイバー犯罪への入り口になります。**

メールの中でも、商品を買わせようとしたり、出会い系サイトへ誘導しようとする**spam（スパム；迷惑メール）**は、インターネットが一般に普及していくとともに急速に数を増やしました。しかし現在は迷惑メールフィルタなどの技術が進歩しており、また利用者も迷惑メールに慣れているため、それほど大きな脅威とはなっていません。

spamに代わり、電子メールを利用した犯罪として現在大きな脅威となっているのが**フィッシング詐欺**です。フィッシング詐欺とは、攻撃者が金融機関や正規のWebサイト事業者に**そっくりの偽物のWebサイト**を作り、それらの事業者に**なりすました**電子メールなどで**偽サイト（＝詐欺サイト＝フィッシングサイト）**へ誘導して被害者からID・パスワードや住所氏名などの個人情報を**盗み出す攻撃手法**です。図1-1に掲載したメールは、実際に筆者が受け取ったAmazonを騙るフィッシングメールです。

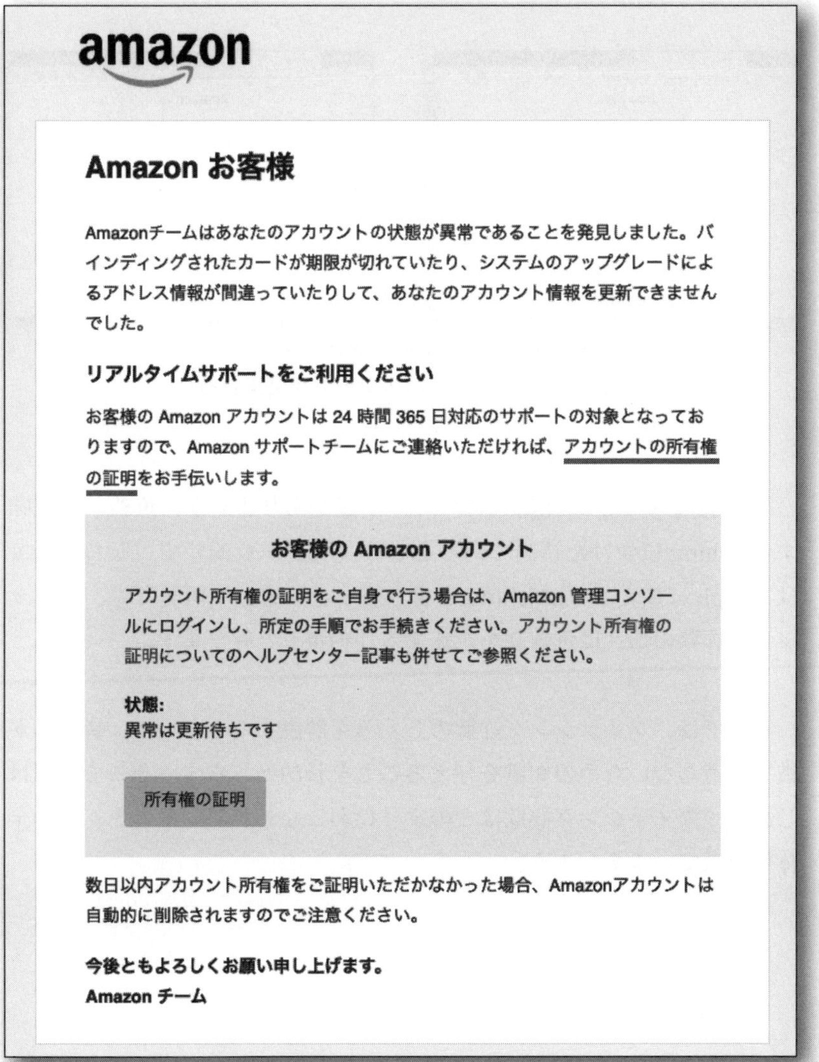

amazon

Amazon お客様

Amazonチームはあなたのアカウントの状態が異常であることを発見しました。バインディングされたカードが期限が切れていたり、システムのアップグレードによるアドレス情報が間違っていたりして、あなたのアカウント情報を更新できませんでした。

リアルタイムサポートをご利用ください

お客様の Amazon アカウントは 24 時間 365 日対応のサポートの対象となっておりますので、Amazon サポートチームにご連絡いただければ、アカウントの所有権の証明をお手伝いします。

お客様の Amazon アカウント

アカウント所有権の証明をご自身で行う場合は、Amazon 管理コンソールにログインし、所定の手順でお手続きください。アカウント所有権の証明についてのヘルプセンター記事も併せてご参照ください。

状態:
異常は更新待ちです

所有権の証明

数日以内アカウント所有権をご証明いただかなかった場合、Amazonアカウントは自動的に削除されますのでご注意ください。

今後ともよろしくお願い申し上げます。
Amazon チーム

図 1-1　フィッシングメールの例

このようなメールのリンク先を押すと、本物の Amazon そっくりの偽サイトすなわちフィッシングサイトが表示されます。攻撃者は、こうして ID とパスワードを盗んでいくのです。

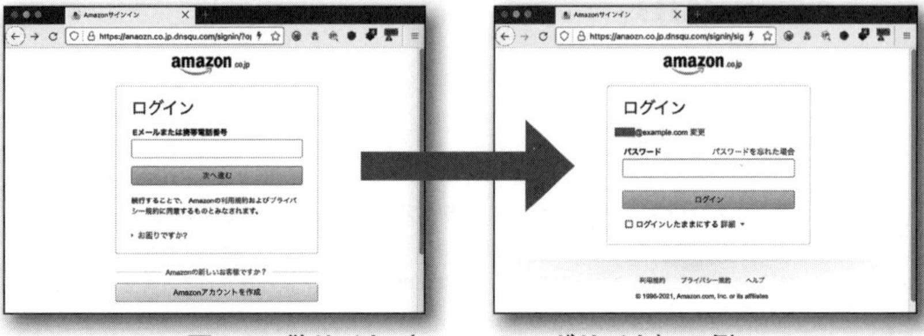

図 1-2　偽サイト（フィッシングサイト）の例
（メールアドレスとパスワードを盗まれる）

「フィッシング」の語源にはいくつか説がありますが、魚釣りを意味する fishing にかけた造語であるという説明が一般的です。なお英語では f を ph に変えて、**phishing** と書きます。一方、中国語でも、フィッシング詐欺のことは魚釣りを意味する「钓鱼」と呼びます。

本書では、フィッシング詐欺のしくみを解説するとともに、皆さんが被害に遭わないための知識を与えることを目的とします。そこでまずはじめに、フィッシング詐欺はどのようにおこなわれているのか、その全体像を見ていきましょう。

1.1 偽物のメールと偽物のWebサイト

フィッシング詐欺には、**マルウェア**を利用した遠隔操作により多数のコンピュータから偽メッセージをばらまく高度なものから、迷惑メールと同様に無差別に送りつけるだけの簡単なものまで、数多くの形態が存在します。しかしその基本的な構成要素は、**偽物のメッセージ（メールや SMS）**と、**偽物の Web サイト**のふたつです。なお SMS とは、携帯電話で電話番号を宛先にしてメッセージをやり取りするメッセージサービスです。

被害者にさまざまな脅し文句が書かれたメールや SMS を送りつけ、それに慌てて偽物の Web サイト――すなわち**フィッシングサイト**にアクセスさせることが、攻撃者の第一の目的です。最近は多くの人がスマートフォンを持ち歩いており、いつでもどこでもインターネットに簡単にアクセスできます。これは逆に、**いつでもどこでもサイバー犯罪被害に遭う可能性がある**ということです。

図 1-3　フィッシング詐欺の概要

IDやパスワード、個人情報を盗んだ攻撃者がその後どうするかは千差万別です。**不正ログイン**して現金を詐取する例もありますし、あるいはそのID・パスワード等のリストを別の犯罪者に売るかもしれません。または不正ログインして閲覧できる、住所氏名＋αの個人情報を売るのかもしれません。いずれにしろ、攻撃者の目的はお金です。フィッシング詐欺は技術的に稚拙な犯罪者でも実行でき、しかも得られるモノが、

- 本物のID・パスワード
- 本物のクレジットカード情報
- 住所氏名などの個人情報

など、お金に換えられる材料として魅力的なものばかりです。

図1-4　クレジットカード情報のフィッシングサイトの例

実際、フィッシングサイトの中には、ID パスワードだけでなくクレジットカード情報も合わせて盗もうとするものが多数観測されています。

また、インターネットとは直接関係ない業種にもフィッシング詐欺の被害が出ています。図 1-5 は、自動車の有料道路自動支払いシステムである **ETC カード**の、利用照会画面を模したフィッシングサイトです。このほかにも宅配業者を模したフィッシング詐欺も多く、注意が必要です。

お金が欲しいために罪を犯す人が出てくることは、昔から現在まで変わることはありません。残念ながらこれからも、フィッシング詐欺は主要なサイバー犯罪として発生し続けるでしょう。ですから皆さんは、被害に遭わないための知識を身につけなければいけません。

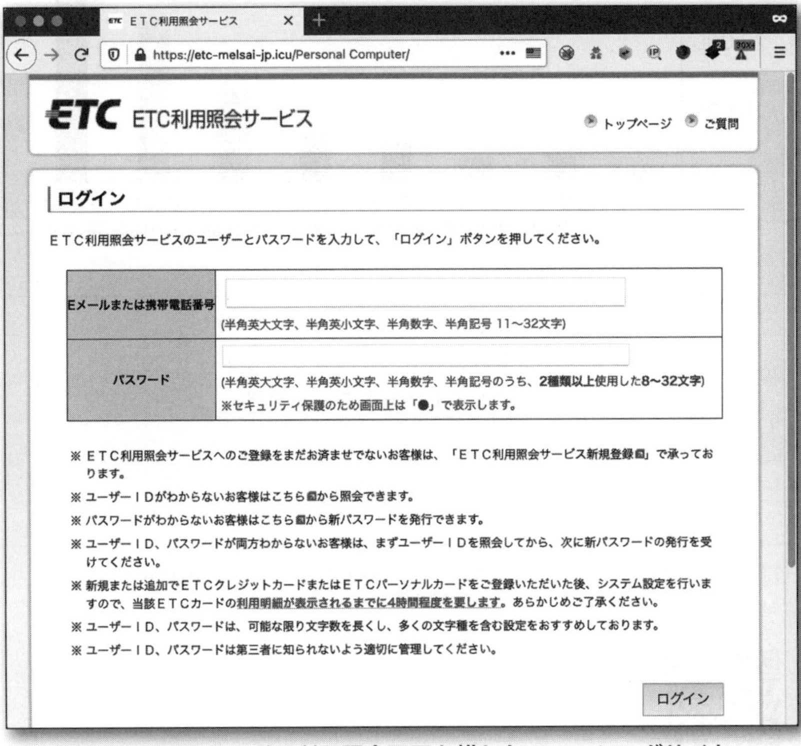

図 1-5　ETC カードの利用照会画面を模したフィッシングサイト

1.2 増え続けるフィッシング詐欺

フィッシングサイトが増えているとはよく言われますが、ここでいくつかのレポートを紹介し、数字的な裏付けを見てみましょう。

図 1-6 は、日本でさまざまなフィッシング対策活動をおこなっている、**フィッシング対策協議会**の年次報告書「フィッシングレポート 2021」からの引用です。フィッシングサイトの数が年々増えていっていること

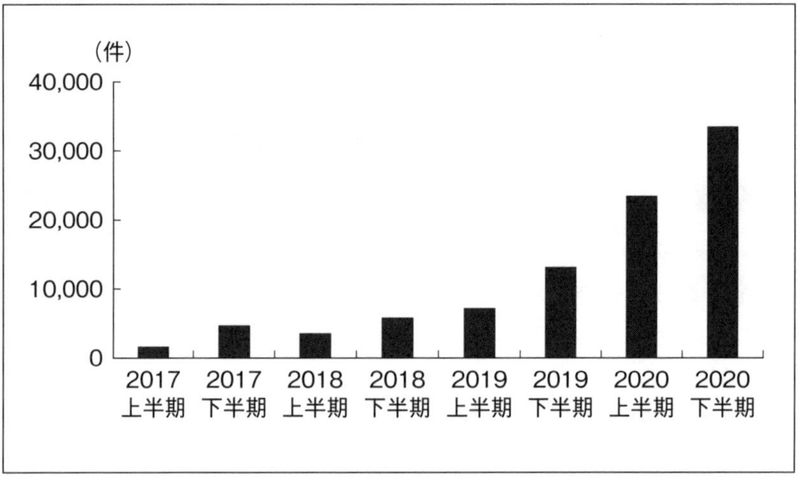

図 1-6　フィッシングサイトの件数
（フィッシング対策協議会「フィッシングレポート 2021」[1] 図 1-2 より編集で一部変更）

[1] https://www.antiphishing.jp/report/wg/phishing_report2021.html

が分かります。また対象となっている企業数（ブランド）も、2020 年に一時減少を見せたものの、全体として増加傾向です（図 1-7）。

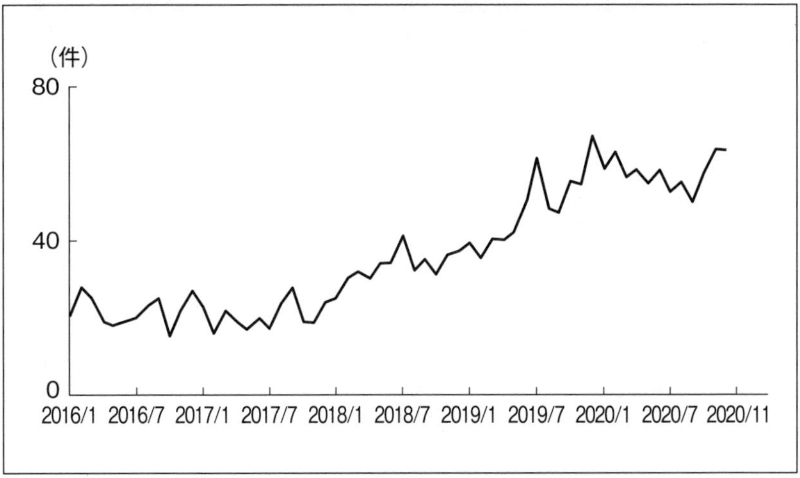

図 1-7　ブランド名を悪用された企業の件数
（フィッシング対策協議会「フィッシングレポート 2021」
[1] 図 1-3 より編集で加工）

フィッシング詐欺は日本だけでなく、アメリカなど多くの国でも深刻なサイバー犯罪です。アメリカ連邦捜査局(FBI)による 2021 年のレポート「2020 Internet Crime Report」によると、アメリカ国内のサイバー犯罪の中でもフィッシング詐欺被害者は約 24 万人と、2 位以下を大きく引き離して第 1 位となっています（図 1-8）。

2020 CRIME TYPES

By Victim Count

Crime Type	Victims	Crime Type	Victims
Phishing/Vishing/Smishing/Pharming	241,342	Other	10,372
Non-Payment/Non-Delivery	108,869	Investment	8,788
Extortion	76,741	Lottery/Sweepstakes/Inheritance	8,501
Personal Data Breach	45,330	IPR/Copyright and Counterfeit	4,213
Identity Theft	43,330	Crimes Against Children	3,202
Spoofing	28,218	Corporate Data Breach	2,794
Misrepresentation	24,276	Ransomware	2,474
Confidence Fraud/Romance	23,751	Denial of Service/TDoS	2,018
Harassment/Threats of Violence	20,604	Malware/Scareware/Virus	1,423
BEC/EAC	19,369	Health Care Related	1,383
Credit Card Fraud	17,614	Civil Matter	968
Employment	16,879	Re-shipping	883
Tech Support	15,421	Charity	659
Real Estate/Rental	13,638	Gambling	391
Advanced Fee	13,020	Terrorism	65
Government Impersonation	12,827	Hacktivist	52
Overpayment	10,988		

図 1-8　アメリカ・FBI による 2020 年度サイバー犯罪の被害数統計
（アメリカ連邦捜査局（FBI）による 2021 年のレポート
「2020 Internet Crime Report」[2] より編集で加工）

なお、アメリカの FBI は Phishing（フィッシング）に加えて、Vishing ／ Smishing ／ Pharming もまとめて数えています。これはそれぞれ次のようなもので、まとめてフィッシング詐欺と理解して頂いて差し支えありません。

---

[2] https://www.fbi.gov/news/pressrel/press-releases/fbi-releases-the-internet-crime-complaint-center-2020-internet-crime-report-including-covid-19-scam-statistics

- Vishing（ボイス・フィッシング）は、メール等ではなく電話を利用した自動音声案内で個人情報を盗み取ろうとするものです。Vishingで用意するのは単に音声応答システム（IVR）と録音システムのみであり、直接犯罪者が被害者のところまで現金を奪い取りに行く形ではありません。このため、純粋にサイバー犯罪としてフィッシング詐欺に分類するのが一般的です。
- Smishing（SMS・フィッシング）は、メールの代わりにSMSを利用するものです。これは本書の第5章で詳しく解説しています。
- Pharming（ファーミング）は、被害者のPCやスマートフォンの通信経路を操作することで、フィッシングサイトへと誘導するものです。単に攻撃手法の違いでしかないため、これも多くはフィッシング詐欺に分類されます。

1.3　フィッシング詐欺の被害金額

さて、フィッシング詐欺は世界中でとても多いということは分かりましたが、それでは日本で実際どのくらいの被害金額が出ているのでしょうか。これには警察庁の出している「令和2年におけるサイバー空間をめぐる脅威の情勢等について」の「インターネットバンキングに係る不正送金事犯の被害額の推移」が参考になります（図1-9）。

特に令和元年（令和01、2019年）は多くの銀行のフィッシングサイトが作成され、被害が広がりました。このグラフは銀行など金融機関のインターネットバンキングで直接現金を盗まれた金額ですから、その他の、クレジットカード情報を盗まれた・ショッピングサイトのIDパスワードを盗まれて買い物をされた、などの被害金額や警察が認知していない（事件化していない）金額は算入されていません。そのため、フィッシング詐欺による実際の被害金額は、もっと大きい額となることが推察されます。

クレジットカードのフィッシング詐欺被害額は、正確な値を出すことが困難です。なぜならカード番号が悪用されたとしても、それがフィッシング詐欺で盗まれたものなのか、それ以外の方法で盗まれたものなのか正確には分からないためです。とはいえ、大まかな目安となる数字はあります。図1-10は、一般社団法人日本クレジット協会が、クレジットカード不正利用被害額の発生状況をまとめた「クレジットカード不正利用被害の発生状況」のデータです。

このデータによると、「番号盗用被害額」が他に比べて圧倒的に多く、2014年の67.3億円から2020年は223.6億円と、3倍以上の伸びを見せています（2021年は1～3月のデータのみのため、金額上は少なく見

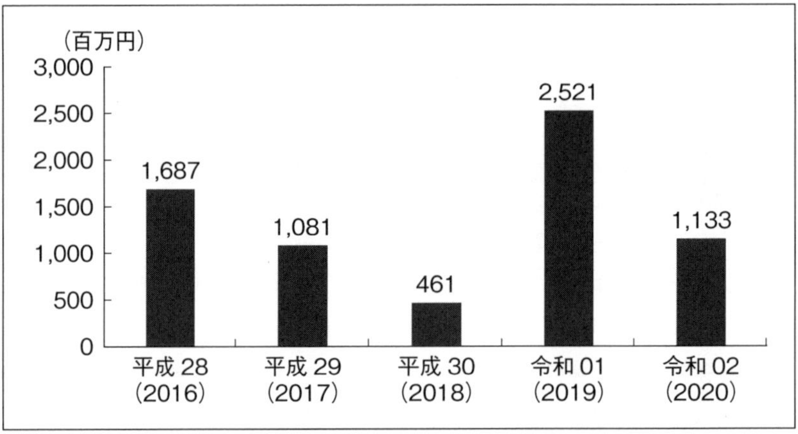

図1-9　インターネットバンキングに係る不正送金事犯の被害額の推移
（警察庁「令和2年におけるサイバー空間をめぐる脅威の情勢等について」図表13[3]より編集で一部追記）

[3] https://www.npa.go.jp/publications/statistics/cybersecurity/data/R02_cyber_jousei.pdf

えています)。番号盗用は店頭での盗み見などももちろんありますが、クレジットカード会社を騙ったフィッシングメールが非常に多いという事実から、その多くがフィッシング詐欺によるものであることは想像に難くありません。

フィッシング詐欺は、「詐欺」という名前のとおり、皆さんが被害者になれば金銭被害に直結します。銀行やクレジットカード会社などの金融機関がフィッシング詐欺のターゲットとなることは容易に想像できますが、昨今は一般のネット通販サイトやISP(インターネットサービスプロバイダ)のフィッシングサイトも多く見られます。

(単位:億円、%)

期間	クレジットカード不正利用被害額	クレジットカード不正利用被害額の内訳					
		偽造カード被害額		番号盗用被害額		その他不正利用被害額	
		被害額	構成比	被害額	構成比	被害額	構成比
2014年(1月～12月)	114.5	19.5	17.0%	67.3	58.8%	27.7	24.2%
2015年(1月～12月)	120.9	23.1	19.1%	72.2	59.7%	25.6	21.2%
2016年(1月～12月)	142.0	30.6	21.6%	88.9	62.6%	22.5	15.8%
2017年(1月～12月)	236.4	31.7	13.4%	176.7	74.8%	28.0	11.8%
2018年(1月～12月)	235.4	16.0	6.8%	187.6	79.7%	31.8	13.5%
2019年(1月～12月)	274.1	17.8	6.5%	222.9	81.3%	33.4	12.2%
2020年(1月～12月)	253.0	8.0	3.2%	223.6	88.4%	21.4	8.5%
(1月～3月)	61.7	4.3	7.0%	49.2	79.7%	8.2	13.3%
(4月～6月)	59.1	1.2	2.0%	53.2	90.0%	4.7	8.0%
(7月～9月)	59.4	1.2	2.0%	54.1	91.1%	4.1	6.9%
(10月～12月)	72.8	1.3	1.8%	67.1	92.2%	4.4	6.0%
2021年(1月～3月)	73.7	0.7	0.9%	68.7	93.2%	4.3	5.8%
(1月～3月)	73.7	0.7	0.9%	68.7	93.2%	4.3	5.8%

図1-10　クレジットカード不正利用被害の発生状況
(一般社団法人日本クレジット協会「四半期調査:クレジットカード不正利用被害額調査」2021年6月版[4]より当該データを筆者加工)

[4] https://www.j-credit.or.jp/information/statistics/

1.4 フィッシング詐欺とオレオレ詐欺

フィッシング詐欺はサイバー犯罪の中でも非常に身近な脅威であり、誰でも被害に遭う可能性があります。しかしサイバー犯罪だからといって、難しく考える必要はありません。全体を単純化してみれば、その構造を理解するために高いITスキルは不要です。そこで一例として、ここではフィッシング詐欺と**オレオレ詐欺**を比較してみましょう。

オレオレ詐欺は日々ニュースとなっており、皆さんもご存じかと思います。息子や警察、銀行職員を名乗って電話をかけ、信じ込んだ相手から現金をだまし取る手口です。

図1-11　フィッシング詐欺は「ネット版オレオレ詐欺」

一方、フィッシング詐欺は金融機関やネット通販サイトを名乗ってメールやSMSを送り、信じ込んだ相手からフィッシングサイトを通じてID・パスワードや住所氏名などの個人情報をだまし取る手口です。

こうして考えてみれば、フィッシング詐欺と言っても特別なことはないことが分かります。オレオレ詐欺と同様に相手を慌てさせてだまし取る、全体の構造は同じです。結局、使う道具が「電話」から「メールやSMSとフィッシングサイト」に変わり、だまし取るものが「お金」から「ID・パスワード、クレジットカード番号、個人情報など」に変わっただけで、単なる詐欺に変わりありません。

そのためサイバー犯罪だからと変に身構えず、ふだんから詐欺などの犯罪に対する基本的な防犯意識を持っていれば、フィッシング詐欺をそこまで恐れる必要もありません。

とは言え、やはりサイバー犯罪ならではの、IT技術を使って巧妙にだまそうとする手口は数多くあります。次の章で、具体的にその手口を見てみましょう。

第2章 A君の例
―引っかかるとどうなる？

皆さんはふだんからスマートフォンを使って、ショッピングサイトやポータルサイト、SNSなどを利用していることでしょう。今やインターネットは生活の一部となり、スマートフォンは生活必需品とまで言えます。このような生活の場の隙を狙ってフィッシング詐欺はおこなわれます。ここでは実際のフィッシングメール・フィッシングサイトを見ながら、典型的な被害事例を紹介しましょう。

実際にこのようなケースに陥ってしまったとき、**自分ならどうするか？ どうすれば良かったか？** ということを考えながら読んでみてください。

2.1 A君のスマートフォンに来たメール

ここでは、被害者役としてA君に登場してもらいましょう。

A君は、とある企業で働く会社員。ふだんからスマートフォンでSNSやメール、ゲームやショッピングなどを楽しんでおり、インターネットに慣れ親しんでいます。ITの知識もそれなりにあります。ニュースで流れる詐欺事件を見かけることは多いのですが、まさか自分にまでそのような脅威がやってくるとは夢にも思っていません。

ある休日、友人と遊びに行く約束をしていたA君。以前から遅刻が多いA君は、今日こそは遅れないようにと少し早めに出かける準備をしていました。そんなとき、スマートフォンが鳴って1通のメールが届きます。

「なんだろう？」と思ったＡ君は、届いたメールを見てびっくりします。

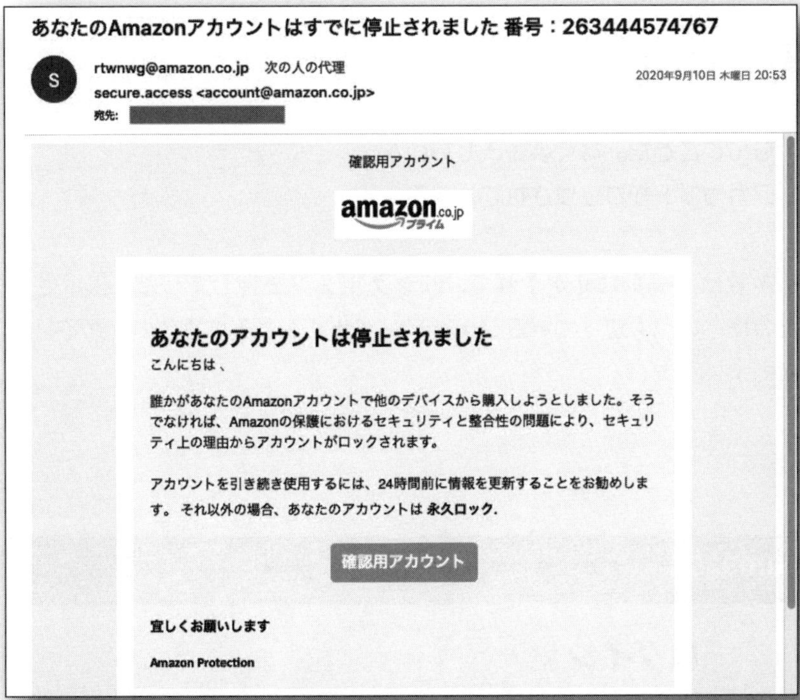

図 2-1　実際のフィッシングメール

どうやらメールは、Ａ君がいつも使っているショッピングサイトからの警告のようです。そこには

- あなたのアカウントは停止されました
- 誰かがあなたのアカウントで購入しようとした
- 情報を更新しないと、24 時間以内にアカウントを永久ロックする

など、緊急を告げる内容が書かれています。すぐにボタンを押して確認しないといけないようです。

さて、このようなメールを受け取ったとき、皆さんならどうしますか？

2.2 慌てたＡ君の取った行動

フィッシングメールを受け取った A 君は、メールの内容に慌ててしまい、まさか詐欺とは思わず信じ込んでしまいました。

なんてことだ。すぐ手続きしないと
アカウントがロックされてしまう

A 君はメールにせかされて、リンクボタンを押しました。表示されたのは、いつも使っているショッピングサイトとそっくりのログイン画面です。

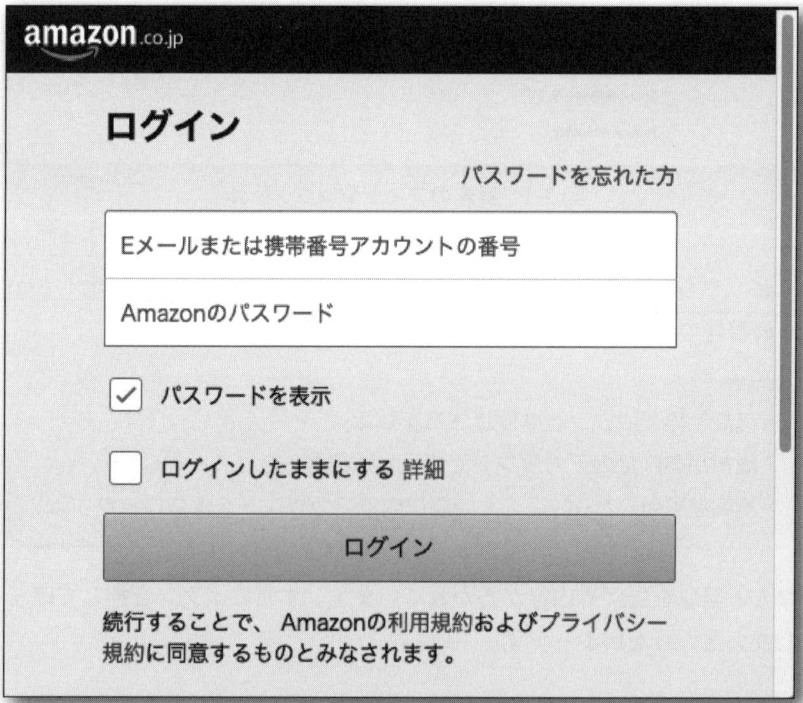

図 2-2　偽のログイン画面

見慣れたWebサイトの画面とロゴ画像にA君はなんの疑問も持たず、指示された通りにIDとパスワードを入力しました。

すると続いて、住所氏名・クレジットカード情報などを入れるように指示されました。先ほどのフィッシングメールの内容を信じているA君は、「アカウント確認のためだろう」と納得し、請求先住所も、お支払方法もそのまま入力を続けてしまいました。

図2-3　個人情報入力画面

最後に「正常完了しました」と表示され、いつも見慣れたショッピングサイトが開きました。アカウント情報など確認してみましたが、問題なく利用できるようです。

「ふぅ。びっくりしたけど、すぐに手続きできてよかった」

Ａ君はそう思いながら急いで家を出て、友だちと遊びに行きました。しかしその裏では、フィッシング詐欺をおこなう犯罪者が、Ａ君のアカウント情報（ID・パスワード）や個人情報を手に入れていたのです。

図 2-4　Ａ君から盗まれた情報

2.3　Ａ君の被害

「今日は久しぶりにＢ君とも会えて、楽しかったなぁ。……**あれ？**」

図 2-5　被害にあったアカウントからの通知

友人と遊んで帰宅途中、A 君は自分のスマートフォンにたくさんの通知メールが来ていることに気がつきました。なんだろうかと見てみたところで、A 君の頭は驚きのあまり真っ白になります。

見てみると、注文メールがたくさん届いています。それは A 君が先ほど ID とパスワードを入力したショッピングサイトからのメールでした。たくさんの「ご購入ありがとうございました」というメールの中、パスワード変更の通知メールなどもあります。

「まさか、あのメールは偽物だったのか！　偽のページにパスワードを入れてしまった！」

A 君は急いでショッピングサイトのサポートセンターへ電話したり、クレジットカード会社に連絡してカード停止の手続きをしたりと、この日はとても大変な一日になりました。また、犯罪者へと漏れてしまった個人情報が今後どうなるのか心配です。実際、数日後には、A 君のメールアドレスには怪しいメールが頻繁に来るようになってしまいました。

2.4 何が起きたのか？

A君が受け取ったメールは、**典型的なフィッシングメール**です。対策については第8章の「自分の身の守り方」で詳しく解説しますが、ここではまず「このようなメールを受信しても、メール内のリンクを押してはいけない」ということだけを覚えておいてください。またフィッシングサイトの多くは、入力完了後に正規サイトに遷移することが多く、入力完了後も自然な動きになっています。このため、

・自分がいま詐欺に遭った
・さっきのWebサイトは偽物だった

ということに気が付きにくい作りになっています。

A君のIDとパスワードを手に入れた攻撃者は、すぐに本物のショッピングサイトに不正ログインしました。アカウントにはクレジットカードが登録してあったため、そのまますぐ買い物ができたのでしょう。

A君のクレジットカード情報は犯罪者に渡ってしまったため、クレジットカードは再発行した方が良いでしょう。また、Aくんのメールアドレスは、犯罪者の**だまされた人リスト**に載ってしまったことでしょう。今後も詐欺メールが届くかもしれないため、注意が必要です。

もしパスワードを他のWebサイトと同じものにしている場合、そちらのサービスも同時に不正ログインされる可能性が高いため注意が必要です（図2-6）。

図 2-6　パスワードを使い回すと他のサービスにもログインされてしまう

攻撃者は ID とパスワードを入手すると、同じ ID・パスワードの組で他の Web サイトにもログインできないかを試行します。このため、複数の Web サイトで同じパスワードを使う**パスワードの使い回し**は、絶対にしてはいけません。

ここまで読んで、皆さんはすぐにでも対策を知りたくなったことでしょう。しかし表面的なコツだけ学んでも、新しい手法が出てきてだまされてしまうかもしれません。そのため次の章では、まずインターネットの基礎知識を解説します。メールのしくみ、Web サイトのしくみを知ることでフィッシング詐欺をより深く理解することができます。

第3章 インターネットの基礎知識

ここでは、フィッシング詐欺を理解する前に、ふだん皆さんが使っているインターネットのしくみについて解説します。まるでガスや水道のように毎日当たり前に使われているインターネットですが、その裏側では、さまざまな人の努力や多くの最新技術に支えられてその基盤は成り立っています。

インターネットの知識の中でもフィッシング詐欺のしくみを理解するには、まず以下のような**インターネット**の基盤技術を理解する必要があります。

- どのようにWebサイト（ホームページ）が作られているのか
- どのようにWebサイト（ホームページ）が表示されるのか
- Webサイト（ホームページ）のログインと、ID・パスワード
- ドメインとは何か
- メールはどうやって送られているのか
- メールとSMSとの違いは何か

特に現在、多くのインターネットサービスがWebサイトを利用しています。皆さんも何か見たいWebサイトがあれば、Webブラウザのアドレスバーに**URL**を入力したり、検索エンジンから検索したりして、目的のWebサイトへとアクセスしているでしょう。

図 3-1　オーム社の Web サイト

そうして Web サイトが表示されるとき、コンピュータやスマートフォンの中では、どのような処理や通信がおこなわれているのでしょうか。また、インターネットの住所（アドレス）とも言える URL は、どのように管理されているのでしょうか。まずはここから見ていきましょう。

3.1　Web サイト（ホームページ）

皆さんがふだん見ている Web サイトは、その基本部分が **HTML（HyperText Markup Language）** という言語で書かれたテキストになっています。

Web サイトでは、画像や動画が表示されたり音楽が流れたりしますが、その元はこのようなただのテキストです。このテキストには、

- ページタイトルは『オーム社』と設定する
- ここに画像を表示する

図3-2　Webサイト（左）とHTML（右上）

などの指示が書かれています。このテキスト形式がHTMLです。HTMLを書くのは、ちょっとしたプログラミングのようですね。HTMLで書かれたテキスト形式のファイルを、HTMLファイルと呼びます。

なお本書の範囲では、HTMLのそれぞれの命令の意味を細かく理解する必要はありません。「**Webサイトの骨格は、単なるテキストである**」ということだけ理解しておけば十分です。皆さんがWebサイトを見ているとき表示されている文章はHTMLに直接書かれていますし、そのWebサイトを構成するために必要な画像ファイルや動画ファイルは、すべてHTMLファイルに書かれた指示により自動的にダウンロードされています。

それではそのような「まっとうな」Webサイトに対して、フィッシングサイトはどう作られるのでしょうか。まっさらなゼロの状態から作る犯罪者もひょっとしたらいるかもしれませんが、その多くは単に本物のWebサイトをコピーしているだけです。これは、フィッシングサイトのHTMLを読んでみればわかります。**コピーされた公式サイトのHTMLと、各所のスペースの数や改行の位置・数までもが同じ**だったりすることが多く、これはコピーしている証拠でしょう。

多くのフィッシングサイトは、本物そっくりで見た目だけではほぼ見分けが付きません。そこに驚かれる方が多いのですが、実はこれは当たり前です。本物のサイトを単にコピーしているのですから、ページの構成やロゴ画像など、丸ごとコピーすればそっくりになるのは当然です。

フィッシング詐欺に限らず一般に詐欺で人をだまそうとする人は、だまそうとする相手に安心感を持たせるため、よく公的機関や大会社のロゴ画像をコピーします。「コピーするだけ」というしくみは誰でも頭で分かっているものの、いざ見ると信じてしまうというのが人の心の弱いところです。

特にこのロゴ画像というのは、詐欺師にとって非常に便利な道具のようです。実際、私がフィッシング詐欺にだまされた人にヒアリングしたところ、信じた理由のひとつとして多くの方が、「見慣れた公式ロゴ画像がそこにあったから」という点を挙げていました。ヒアリングした人の中には、本職のWebデザイナーの方もいらっしゃいました。ロゴ画像はコピーすればいいだけ……と頭では分かっていても、なかなか行動に結びつけるのは難しいのです。

Webサイトはコピーできる

ここで、フィッシング詐欺のWebサイトは、公式のWebサイトをコピーするだけでよいということを実感するために、パソコンをお持ちの方はちょっと手を動かしてみましょう。実際に皆さんも、Webサイトのコピーを作ってみるのです（なお、以下で説明する通りに自分のパソコンの中にコピーを作るだけならば問題ありません。しかしそのコピーを、絶対にインターネットに公開してはいけませんよ！）。

使っているOS（Windows/macOSなど）やWebブラウザによって多少違いますが、多くのWebブラウザはページを丸ごと保存する機能を持っています。適当なWebサイトを開き、Google Chromeならば「**ファイル**」→「**ページを別名で保存**」を選びます。保存形式は、ここでは「**Webページ、1つのファイル**」を選択しましょう。

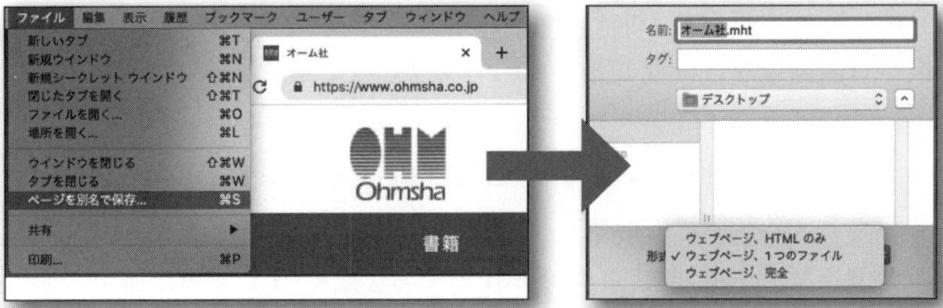

図 3-3　Web サイトをコピーして保存

保存できたら、インターネットへの接続を切ってからファイルを開いてみてください。インターネットへの接続を切った状態でも、Web サイトやロゴ画像が正しく表示されています。確かにコピーできていることが分かります。

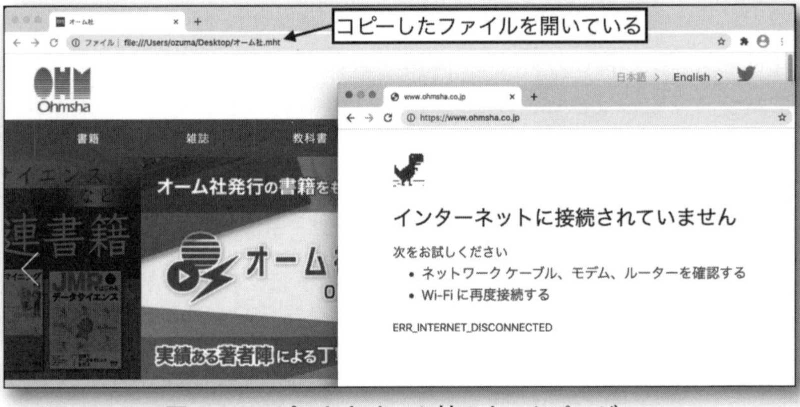

図 3-4　コピーしたオーム社のホームページ。
インターネットに接続しなくても表示されている

こうして自分で一度 Web サイトのコピーを作ってみると、いかにフィッシングサイトを作ることが容易かも想像できると思います。そして、あなたが被害に遭いそうになったとき、**Web サイトの「見た目」や「ロゴ画像」はなんの信頼にもならない**、ということが実感できることでしょう。

3.2 ログインとID・パスワード

近年、多くの Web サイトでは、ユーザは ID とパスワードを利用して**ログイン**します。これは Web サイトに限らず、例えばパソコン本体にも ID・パスワードを使ってログインすることが一般的ですから、皆さんも慣れ親しんでいることでしょう（なお Windows では、ログインと呼ばず**ログオン**と呼んでいますが、意味は同じです）。

図 3-5　Google へのログイン

こうしてログイン時に正しい ID とパスワードの組で本人確認することを、**認証（Authentication）**と呼びます。Web サイト側では、入力された ID・パスワードの組み合わせが正しいかどうか、内部のユーザ管理をおこなうデータベースと照合します。認証に使う要素として、指紋などパスワード以外のものも近年は出てきていますが、今でもパスワードが認証要素の主流です。

ログインすることにより、ユーザは自分向けにカスタマイズされたサービスを利用できます。たとえばメールサービスであればあなたのメールボックスにアクセスできますし、ショッピングサービスであれば過去の自分の注文履歴などを参照できるでしょう。銀行のネットバンキングでは、残高の確認や振込がおこなえます。

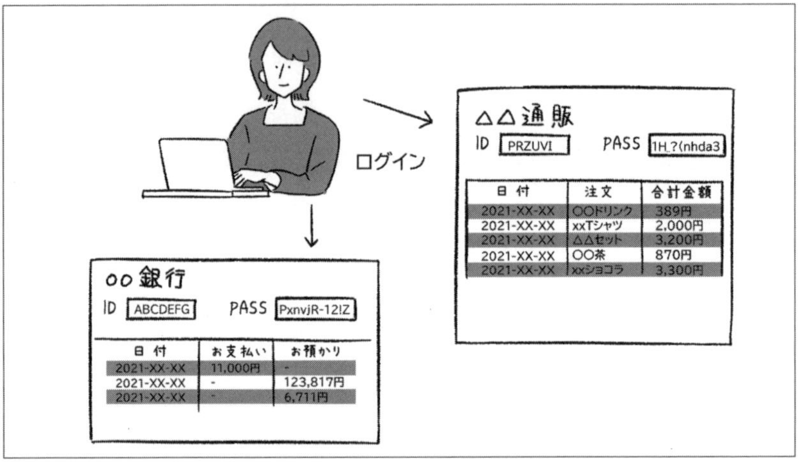

図 3-6　Web サイトへのログイン

ユーザそれぞれには個別の ID が割り当てられるため、あなたは他人のメールボックスを覗いたり、他人の預金残高を調べたりすることはできません。こうして、認証されたユーザごとにアクセス制御をおこなうしくみを認可と呼びます。

現在のインターネットにおいて、さまざまな Web サイトは認証・認可のしくみを使ってサービスを提供しています。正しいユーザであるかを認証し、そして他人のデータを覗くことができないよう認可制御して、セキュリティが守られた状態で Web サイトを安心して利用することができるわけです。

もちろん、ここで大事なのは ID とパスワードです。ひとたび ID とパスワードが盗まれてしまうと、攻撃者はあなたになりすましてログインし、メールを送ったり、ショッピングをしたり、銀行振込みをしたり

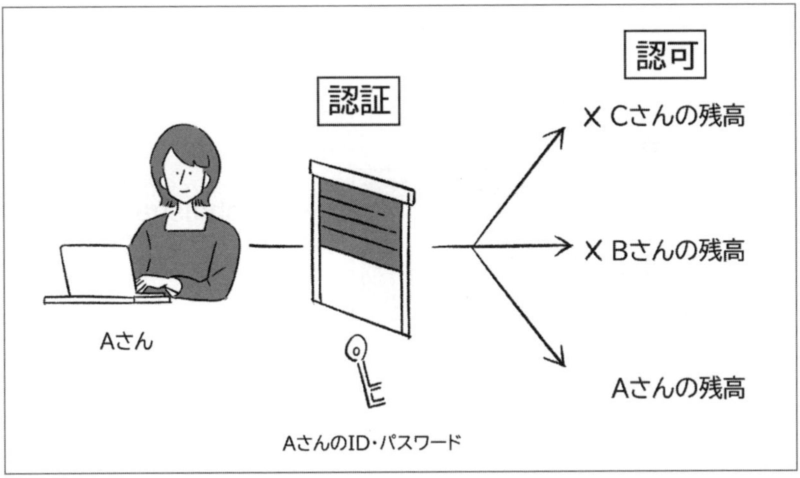

図 3-7　認証・認可のしくみ

とさまざまな被害を発生させます。本章の最後（3.6 節）に、ID とパスワードについてどのようなことに注意すべきかをまとめています。

3.3　ドメイン、URL、IPアドレス

続いて、もう少し細かくインターネットの技術的なしくみを解説していきましょう。まずはドメインです。

ドメイン（domain）とは一般的には「分野」「領域」などを意味しますが、インターネットでは住所のようなものとして使われます。一方、**URL** は Uniform Resource Locator の略で、これもインターネット上の住所のようなものです。両者がどのように違うのか、そしてフィッシングサイトではどのようにこのしくみを悪用しているのでしょうか。

ドメイン

皆さんがオーム社の Web サイトを見るときは、`www.ohmsha.co.jp` というドメインにアクセスします。さきほどドメインは住所の

ようなものと書きましたが、このドメインは図3-8のように、

図3-8　ドメインとサブドメイン

・ohmshaという、
・日本（.jp）の
・会社（.co）の
・wwwというサブドメイン

と解釈できます。

なお、単にドメインと言った場合、それはサブドメインを含むのか含まないのか分かりづらいため、

・ohmsha.co.jpを「ドメイン」
・www.ohmsha.co.jpを
「完全修飾ドメイン（FQDN；Fully Qualified Domain Name）」

と呼ぶ場合もあります。本書では以後、ドメインとFQDNを区別して書きますので、単に「ドメイン」と書いた場合はサブドメインを含みません。

ドメインは、階層型の構造を持つことに注意してください。この階層は右から左に向かった階層構造のため、一番右が「広い」階層で左に向かうにつれて「狭く」なります。つまり一番左が具体的な用途などになり、右側は国名（jp）となっています。ちょっと分かりにくいですね。

これはインターネットがアメリカ発祥のため、英語表記での住所の書き方を考えると、こう書くのが自然だったからでしょう。たとえば日本の住所表記では、2021 年現在のオーム社の本社は

> 東京都千代田区神田錦町 3-1

です。一方、これを英語で住所表記すると

> 3-1 Kanda Nishiki-cho, Chiyoda-ku, Tokyo

となります。英語表記では日本語と違い、東京が最後に来ました。FQDN の書き方と似ていますね。

日本人の感覚ですと、住所を示す際にこのように「左側が一番狭く、右側が一番広い領域を示す」というのはちょっと違和感がありますが、ここは英語に頭を切り替えて慣れていきましょう。

以下にいくつかの FQDN の例を紹介しますので、それぞれ「意味」を理解してください。

```
mail.example.com
```

これは `example.com` ドメインの、`mail` というホスト（またはサブドメイン）となります。おそらく example 社のメールサーバでしょう。

```
www.kaihatsu1bu.example.com
```

これは example.com ドメインの、kaihatsu1bu というサブドメインの、さらにサブドメイン www です。おそらく example 社の第一開発部の Web サーバでしょう。このようにサブドメインは、ある組織がまずドメインを取得し、次に部署／用途ごとにサブドメインを作るという形で作られます。サブドメインは組織内で自由に作れますので、ここをフィッシング詐欺をおこなう攻撃者は利用します。

ここで、次の FQDN はどう解釈できるでしょう。

```
ohmsha.co.jp.example.com
```

ここまでのことが理解できていれば、なんだか変なドメインだなと分かると思います。実はこのような FQDN は、フィッシングサイトでだましの手口として非常によく使われるパターンです。

これは「example.com ドメインの、jp というサブドメインの、さらに co というサブドメインの、さらにさらにサブドメイン ohmsha」という構造をした FQDN です。

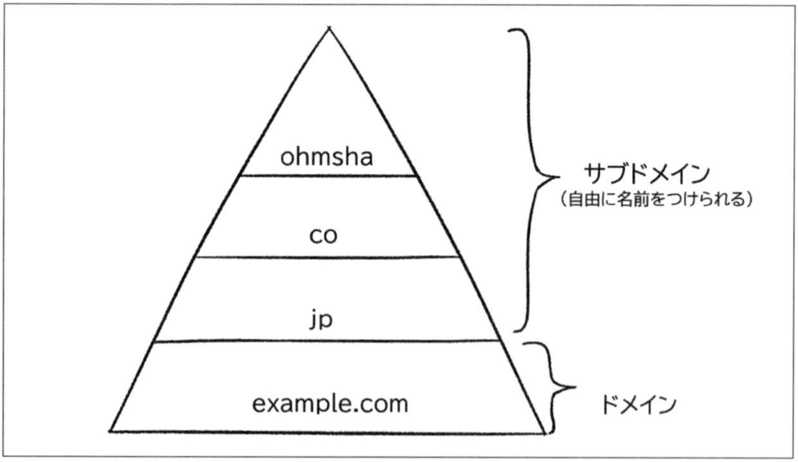

図 3-9　オーム社を装った FQDN の例

　この FQDN のドメインは `example.com` ですから、`ohmsha.co.jp` ドメインとは何の関係もありません。しかし多くの人は残念ながら、オーム社所有のドメインであると思ってしまうでしょう。フィッシングサイトでも攻撃者はこの心理を利用し、自由に設定できるサブドメイン部分に、有名なショッピングサイトなどのドメインと似せた名前を付けて誘導する例が多く見られます。

　以下の FQDN は、実際に利用された Amazon のフィッシングサイトの一例です（実際に利用された悪意のある FQDN であるため、安全のためリンクにならないように、`.` を `[.]` に置き換えています）。自由に付けることのできるサブドメイン部分で、なんとか本物の Amazon に見せかけようとしています。

```
・amazon[.]co[.]jp[.]liwey[.]cn
・support[.]amazon-verif[.]co[.]jp[.]icloud-mails[.]
  me
・amazon[.]co[.]jp-signin[.]atinao[.]work
```

URL

　URL は、皆さんもいちどは聞いたことがある言葉ではないでしょうか。一般には**アドレス**とか**インターネットのアドレス**と呼ばれ、いわばインターネットでの住所を表します。テレビ CM などでも「アドレスはこちら！」とよく言われますね。

　インターネット上のアドレスを表記するために、URL は以下のような構造になっています。

図 3-10　URL の構造：スキーム＋ FQDN ＋パス（リソース）

■スキーム

URL の先頭は**スキーム**と呼び、そのリソース（サーバーなど）へアクセスする際のプロトコル（接続方法）を示します。プロトコルというなんだか難しい言葉が出てきましたが、Web サイトの場合は **http** と **https** しか使いませんから、このふたつだけ知っておけば十分です。

http と https は、どちらも Web サイトにアクセスするときのプロトコルです。https は昨今標準となっている接続方法で、ブラウザと Web サイトの間の通信を暗号化してやりとりします。一方、http はそのま

図 3-11　カフェで Wi-Fi を使い盗聴される

ま暗号化せずに平文で接続するので、通信内容を盗聴されると何を通信しているのか丸見えです。

最近はカフェなどで自由に利用できる Wi-Fi サービスが増えていますが、そのような誰でもあなたの通信の**盗聴**が可能な状態で http を利用するのは危険です。たとえ無線 LAN が暗号化されていても、皆が同じパスワードを使っているので無線 LAN の暗号化は意味がありません。また、無線 LAN の先につながっている有線 LAN の部分はまったく暗号化されていません。有線 LAN の経路は平文となっているため、悪意のある攻撃者がちょっと細工をすることで、容易に通信内容を盗聴することができます。

実際に http を利用した通信を盗聴した様子を見ると、入力した ID とパスワードが読み取れることが分かります (図 3-12)。このため昨今は、ほとんどの Web サイトが通信を暗号化する https で接続するようになっています。

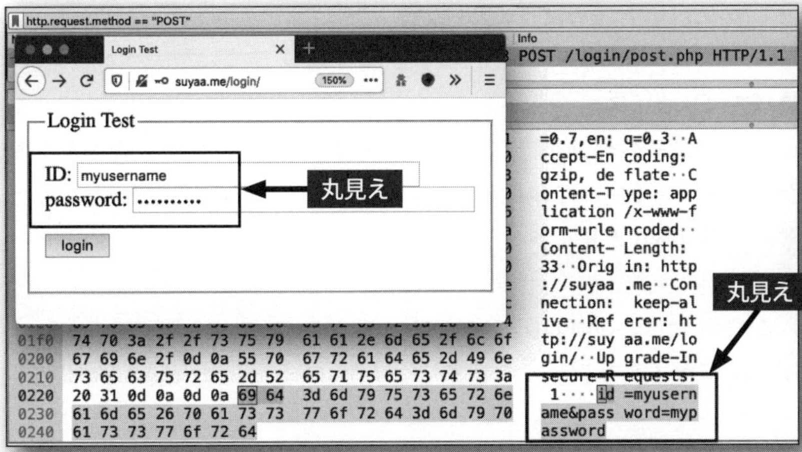

図 3-12　http 通信では、盗聴されると内容が丸見え

この他のスキームとして、FTP（ファイル転送プロトコル）を示す**ftp**、メールを示す**mailto**、コンピュータ内のファイルを示す**file**などがあります。

なお第7章で詳しく解説しますが、フィッシングサイトを見分けるために「httpかhttpsかを確認し、httpsとなっていれば安全」という注意が時折見られますが、これは明確に誤りです。2021年現在、攻撃者はより積極的になっており、httpsのフィッシングサイトを作っているためです。

■ FQDN

スキームの次に続くのが、FQDNです。ここがURLの「住所」として最も重要なドメインを含みます。先ほど解説したように、ドメインは右から見ていきましょう。

ここは先ほどのドメインの説明で見たとおり、`www.ohmsha.co.jp`を、「`.jp`（日本の）、`.co`（会社の）、ohmsha（オーム社）の、www（サブドメイン）」と読めば良いわけです。

■パス（リソース）

URLの最後の部分が、パス（リソース）です。これは、皆さんがふだんパソコンで使っているフォルダとファイルの関係とほぼ同じものと考えて問題ありません。

この例では、`ohmgrp`というフォルダ内の、`profile.htm`というHTMLファイルを指しています。

3.4 電子メールのしくみ

Webサイトのしくみに続き、メールのしくみを解説しましょう。何しろフィッシング詐欺のほとんどは、メールで誘導されるからです。

メールは、インターネットが一般的に普及しはじめる前から既に広く使われていた通信手段です。現在でも、基本的なしくみはそのままに利用され続けています。進化の早いインターネットで、これだけ息の長いサービスは珍しいでしょう。

しかし現在では、しくみが古いための欠点が、犯罪者に利用されることが多くなっていることも事実です。フィッシングメール対策への知識を身につける前に、まずここでメールの基本的なしくみを解説します。

メールの送信はどのようにおこなわれるか

皆さんはふだん、メールをどのようにやりとりしているでしょうか。スマートフォンを主に使っている方もいれば、パソコンでやりとりするという方もいるでしょう。

パソコンにしろスマートフォンにしろ、メールを送る・受け取るためには、大きく以下の二つの方法があります。

1. メールアプリを使う。たとえばMicrosoft Outlook、Mozilla Thunderbird、iPhoneの「メール」アプリを使う。
2. Webメールを使う。Webブラウザを利用し、たとえばGmailやYahoo!メールのWebサイトへログインして利用する。

メールの送信は、SMTP（Simple Mail Transfer Protocol）というプロトコルが使われます。これは、標準化されたのが1982年という非常に古いプロトコルです。

現在のインターネット市場においてメールは大きな広告媒体でもある

ため、広告メールの大量配信を請け負う配信事業者も多く存在します。その一方、皆さんはふだん友人への連絡などでメールを送るでしょう。皆さんが友人に送る 1 通のメールも、配信事業者が送る何十万通というメールも、同じ SMTP プロトコルで送られることに変わりはありません。

図 3-13　Web メールと SMTP

先ほど紹介した（1）の場合、ユーザの PC やスマートフォンで直接 SMTP サーバに接続します。一方（2）の Web メールは、このような SMTP プロトコルを、Web ブラウザを使って操作できるように作られたものです。そのため Web メールを使っていても、メールの送信の本質的な部分は今でも SMTP です。

メールの送受信と暗号化

Web サービスへのログインと同様に、メールも送受信時に ID とパスワードを利用するのが一般的です。メールの受信は、POP3《ポップスリー》または

IMAP《アイマップ》という通信プロトコルが利用されますが、一般ユーザの皆さんはそこまで意識する必要はありません。重要なのは、そこでIDとパスワードをやりとりするということです。

IDとパスワードを利用するため、先ほどのhttpとhttpsのように、カフェなどでWi-Fiサービスを利用する際は注意が必要です。現在では、SMTP／POP3／IMAPを暗号化したプロトコルSMTPS／POP3S／IMAPSが利用されます。

暗号化なし	暗号化あり
SMTP	SMTPS
POP3	POP3S
IMAP	IMAPS

現在のメールサービスでは、暗号化ありのサービスが標準となっています。そのため明示的に暗号化なしのプロトコルを指定しない限り、あまり気にする必要はありません。

spam（迷惑メール）とフィッシングメール

SMTPの実際の悪用例は第4章で解説しますので、その前にもう少し大きい目線で、メールがインターネットをどのように駆け巡っているのかを考えてみましょう。皆さんのところにも、spamやフィッシングメールは、よく届いていることと思います。これらのメールは、どのように送信されているのでしょうか。

本当のところは、それこそ送っている当人に聞くしかありませんが、過去の研究者による調査でいくつかの手法が見えてきています。なぜ調査できるかというと、メールは送信時に経由したサーバなどのログを残したまま受信者に届くためです。受信側で途中経路を確認することができることや、メールを送信する**マルウェア**（一般的にはウイルスと呼ばれますが、昨今は「悪意のあるソフトウェア」という意味を込めてこの呼称が用いられます）を直接解析することなどで、spam やフィッシングメール送信のしくみを調べることができます。

こうした解析手法を用いて見えてきたひとつの事例は、攻撃者自身がメールサーバを立ててしまう例です。現在はクラウド事業者を利用することで、誰でもサーバを簡単に借りて、SMTP サーバを構築することができます。このようなクラウドサービスを利用して自分がSMTP サーバとなってメールを送ってしまう、というのはひとつのポピュラーな手です。

また、既に手に入れている第三者の ID とパスワードを元に、正規のメールプロバイダ（日本ならば Yahoo! メールや各プロバイダ所有のメールサーバ等）へ不正アクセスして送る、という例も見られます。さらに大胆不敵な攻撃者となると、本来は広告メール配信等を請け負う正規のメール配信事業者と契約して、送ってしまうというケースもあります。

これらの他に、悪質なメール配信基盤として現在大きな位置を占めているのが、次に紹介するボットネットです。

ボットネット

近年のマルウェアの多くは、感染した PC を遠隔操作して、攻撃者によってさまざまな悪用ができる機能を備えています。実際にそのようなマルウェアを解析すると、以下のような機能が搭載されているケースが多く見られます。

- 外部からの指示により、指定された宛先へメールを送る
- 特定の Web アクセスをおこなう
- 指示されたサーバに対して、攻撃通信をおこなう

図 3-14　ボットネットがメール配信基盤となっている

マルウェアに感染してこのように遠隔操作できるようになったパソコンは、攻撃者の指示に従って動くようになります。これらマルウェア感染パソコンのことを**ボット（bot）**と呼びます。多くのパソコンをマルウェアに感染させることができれば、攻撃者は一人で何百・何千台ものパソコンをネットワーク化して操作できることになります。このような感染パソコン（ボット）の集団を、**ボットネット**と呼びます [1]。

攻撃者はボットネットを利用し、自分のパソコンではなく一般の方のパソコンを使って、spam を送信したり外部を攻撃したりするのです。

[1] https://blog.kaspersky.co.jp/what-is-a-botnet/775/

攻撃者自身ではなく、遠隔操作されたPCがこれらの攻撃をおこなうというのがポイントです。攻撃を受けた側から見ると一般のPCからのアクセスにしか見えず、真の攻撃者にはたどり着けません。これがボットネットの厄介なところです。

ボットネットは重要な攻撃基盤として、犯罪者の間で取引されています。そしてここからさまざまなspam、そしてフィッシングメールが送られることもあります。自分のPCがボットネットとなることを防ぐためにも、セキュリティはとても大事です。そのためには定期的なアップデートを行い、システムを最新版にしておくことが効果的な対策です。一度本書を読む手を止めて、自分のPCのOSやソフトウェアが最新であるかどうか、チェックしてみると良いでしょう。WindowsならばWindows Update、macOSならばソフトウェア・アップデートを行います。

たとえばWindowsでは図3-15のように「詳細オプション」の設定で、「Windowsの更新時に他のMicrosoft製品の更新プログラムを受け取る」をオンにすることをお勧めします。

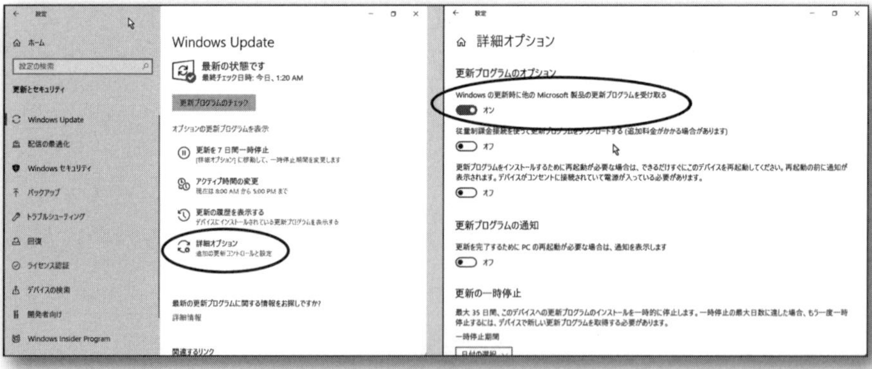

図3-15　Windowsの更新設定

メールとマルウェア

現在のインターネットでメールはとても便利なものですが、その反面、攻撃者にとっても非常に便利な攻撃手段となっています。これはフィッシングメールだけでなく、マルウェアをばらまく攻撃者にとっても同様です。

Web サイトでマルウェアをばらまく際には、基本的にユーザがまずその Web サイトにアクセスしなくてはいけません。またダウンロードされるファイルは、Web ブラウザでのチェックやウイルス対策ソフトでのチェックなど、多層的にチェックすることができます。

一方、メールはこちらが何もしていなくても、いきなり送りつけられて皆さんが使う PC に入ってきます。このように攻撃者側が積極的に攻撃できるため、マルウェアを添付したメールをばら撒いて PC を感染させる攻撃は、現在に至っても主流の攻撃手法となっています。フィッシング詐欺だけでなく、マルウェアに対してもメールは注意しなくてはいけません。

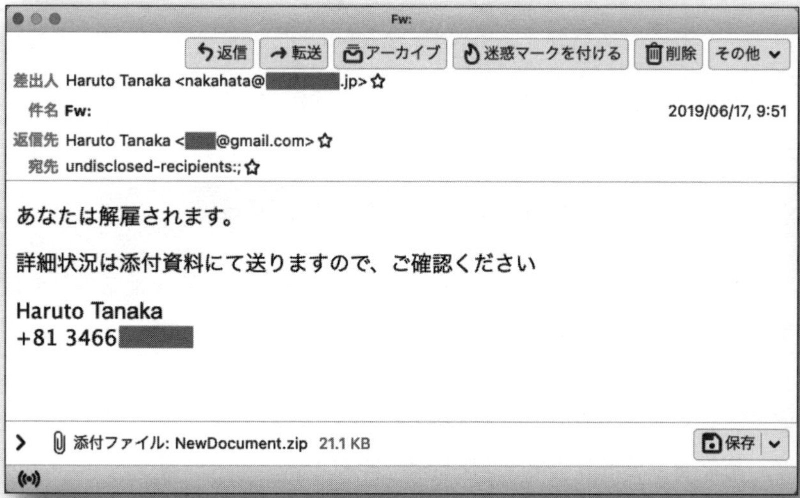

図 3-16　筆者が受け取ったマルウェア付きメール。
添付ファイルの NewDocument.zip がマルウェア

3.5 SMS（ショートメール）のしくみ

携帯キャリア特有のメッセージングプラットフォームが **SMS**（**Short Message Service**）です。各携帯会社によって「ショートメッセージ」「C メール」など多少呼び名は違いますが、中のしくみは同じです。

パソコンで利用する電子メールと似た形で利用できるため、一般の方から見ると SMS も電子メールもどちらも「メール」と感じるかもしれません。しかし SMS と通常のメールでは、その内部のしくみは全く違います。先ほど紹介したように通常のメールは SMTP というプロトコルを利用しますが、SMS は電話に近いしくみを利用します。実際、SMS での宛先は「電話番号」を利用します。相手のメールアドレスが分からず電話番号しか分からないときには、SMS が便利です。

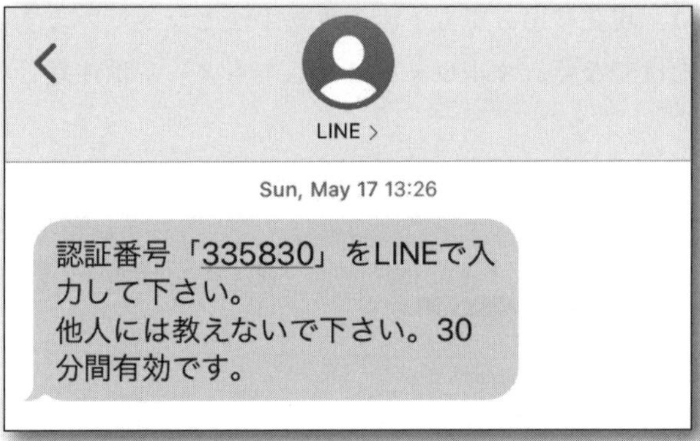

図 3-17　SMS を使った電話番号の確認

SMS が実際によく使われるケースは、図 3-17 のような電話番号の確認です。多くの Web サービスでは電話番号を登録した際、それが本当に登録者のものであるかを確認するために SMS で確認コードを送信します。これが入力されればその電話番号を持っているということですから、電話番号確認に SMS は便利な手法です。

図 3-18　SMS を使ったフィッシングの例

しかし近年、この SMS を使ってフィッシングのメッセージが送られることが大変多くなりました。SMS を使ったフィッシングは、ふたつの言葉を掛け合わせて**スミッシング（Smishing）**とも呼ばれます。本書では、先ほどメールについて**フィッシングメール**と書いたことから、**フィッシング SMS** と記述することとします。

スマートフォンをお持ちの皆さんは、図 3-18 のような SMS を受け取ったことがあるのではないでしょうか。これは非常に多い典型的なフィッシング SMS です。

SMS は「電話番号への通信」という電話と同じようなしくみのため、一般的なメールのような迷惑メールフィルターの実装が困難です。また、メールに比べて SMS は重要な連絡に使われることが多く、何かの大事な連絡かと思ってしまい被害に遭うことも多いようです（実際 iPhone の SMS 受信音は、利用者の注意を引くようなチャイム音になっています）。

また次節で解説しますが、Android に感染するマルウェアには SMS を送信するボットとなるものがあり、この感染したスマートフォンのボットネットによる SMS 配信は大きな問題となっています。これらの事情により、SMS によるフィッシング詐欺は増えています。

フィッシングSMSとボットネット

皆さんのところにやってくるフィッシングSMSは、どこからやってくるのでしょうか。こちらも実際のところはそれこそ犯罪者に聞いてみないと分かりませんが、メールと同様に多くのセキュリティ研究者がその背景を調べ、大まかなしくみは分かってきています。

ひとつは、SMS配信事業者を使って送るパターンです。特に海外のSMS配信事業者では配信料が安いところも多く、得られるリターンを考えれば、素直に料金を支払っても十分な利益が得られるのでしょう。

もうひとつが、日本でこれほどSMSを利用したフィッシングが流行する原因となった「スマートフォンのボットネットから配信されるSMS」です。Androidに感染するマルウェアの中には、SMSを配信するボットとなってしまうものがあります。そのためこのマルウェアに感染すると、スマートフォンがボットネットに組み込まれて、攻撃者の指令により勝手にSMSを送信してしまうのです[2]。

この場合、犯罪者は1円も使うことなく大量のSMSを配信できるため、非常に効率的にメッセージをばらまくことができます。その配信費用はマルウェアに感染した端末の携帯電話料金にかかってきますから、月額料金が突然跳ね上がったことでマルウェアに感染していることにはじめて気がつくというケースもあります。

---

[2] https://www.itmedia.co.jp/news/articles/2003/17/news018.html

図 3-19　不在通知を装い、SMS を使ったフィッシングの例

フィッシング関連の Android マルウェアはいくつか種類がありますが、特に図 3-19 の、宅配便の不在通知を装ったものが猛威をふるっています。この不在通知系にもいくつかの種類があるため全てではありませんが、多くのフィッシング SMS の「送信元」は、いかにも普通の携帯電話番号が表示されます。しかしこれは、マルウェアに感染した一般の方の電話番号なのです。

3.6　IDとパスワード

Web サイトでサービスを利用するとき、多くの場合は ID・パスワードでログインします。この ID・パスワードを盗まれてしまうと、攻撃者があなたになりすましてログインし、個人情報を盗み見たり勝手に買い物をしたりと、さまざまな被害が発生します。また、銀行のネットバンキングの ID・パスワードが盗まれてしまえば、大事な預金までも盗まれてしまうかもしれません。

また昨今、インターネット業界で大きな問題になっているのが**パスワードの使い回し**です。これはパスワードを、違う Web サイト A、B、C、... で同じものにしてしまうことです。「覚えきれないから」と安易にやりがちなことですが、非常に危険なことであり、絶対にしてはいけません。

図 3-20　パスワードを使い回すと他のサービスにもログインされる

あるひとつの Web サイトがサイバー攻撃に遭い、攻撃者に ID とパスワードが盗まれたとします。第 2 章で見たように、攻撃者はこの次に、同じ ID とパスワードで他の Web サイトにログインできないかを試すのです。

このときあなたが**パスワードの使い回し**をしていると、たとえば一番よく使う Web サイトが被害に遭っていなくても、よその Web サイトがやられたことにより被害に遭ってしまうのです（図 3-20）。そして残念ながら、ID とパスワードが攻撃者に盗まれる事案は世界中でとてもたくさん起きています。

パスワードの管理

パスワードをどうやって作るか、そしてどう管理するかは長い間議論の的となっており、そしてこれからも議論となり続けることでしょう。

「これがベストである」という方法は時代によって変わるので、ここであまり立ち入っては述べません。それよりも、「良い管理方法」という基本的な考え方を理解することが重要です。

パスワードは、先ほど述べたようにWebサイトごとに必ず違うパスワードを付けなくてはいけません。またパスワードは他者が簡単に推測できないよう、十分な長さを持ったものとしなくてはいけません。この２つの事実から確実に言えることは、現代において「利用するすべてのWebサイトの、すべてのパスワードを覚えておく」ということは、もはや現実的に不可能であるということです。

図3-21　パスワードは複雑にして、Webサイトごとに変えて、そしてメモをせずに覚えなくてはいけない？

とはいえパスワードを、暗号化していないファイルにメモして保存しておくのはきわめて危険です。ではどうすればいいのでしょうか？

この事実をGoogleやMicrosoft、Appleなどの大手IT企業は十分に分かっており、GoogleならばChrome、MicrosoftならばEdge、Apple

ならばKeychainにパスワード管理のための**パスワードマネージャー**が提供されています。皆さんがパスワードを管理する際には、このようなパスワードマネージャーを利用するのがお勧めです。これならば、パスワードマネージャーのマスターパスワード1つだけを覚えておけば問題ありません。

図3-22　Google Chromeのパスワードマネージャー

またこの他にも、パスワードマネージャーに特化した製品が販売されています。有名な製品としては、1PasswordやLastPassです。一部機能は有料ですが、基本部分は無料で利用できるため、試してみると良いでしょう。その便利さに納得すれば、有料版に移行すると、より強力なパスワード管理機能を手に入れることができます。

また、あまり使うWebサイトが多くないならば、紙の手帳にメモしておくというのも良いでしょう。紙に書くと言うと揶揄する方もいますが、どんなに優れたハッカーでも、あなたの机の引き出しにある手帳をインターネットから覗くことはできません。パソコン内のメモ帳に暗号化もせず保存しておくよりは、ずっと安全です。

盗まれたパスワードの確認 Have I Been Pwned

Troy Hunt 氏という著名なセキュリティ研究者が、このような ID とパスワードが盗まれる事案の多発に対応するための Web サイトを提供しています。それが「Have I Been Pwned?」です。

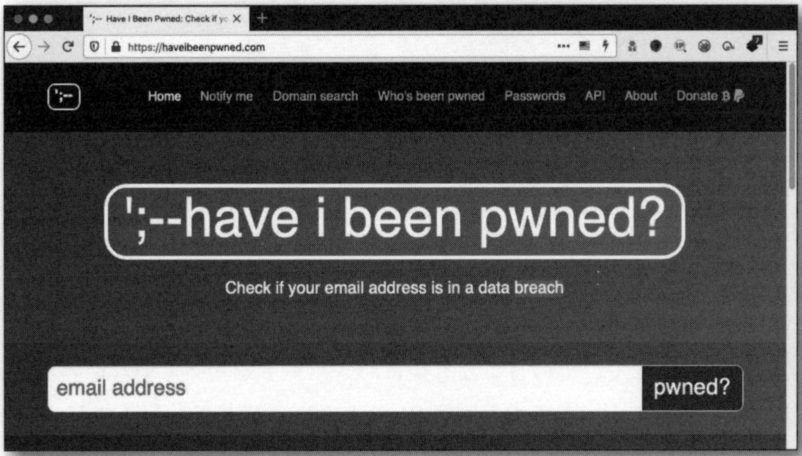

図 3-23　Have I Been Pwned の Web サイト（[3] より引用）

この Web サイト「Have I Been Pwned?」では、自分の ID が過去に被害に遭っていないかを調べることができます。実際、筆者の私の ID は、2013 年に発生した Adobe 社への大規模な攻撃で盗まれていたことが分かりました。Troy Hunt 氏は、さまざまな Web サイトから盗まれた ID とパスワードを収集し、この Web サイトに登録しているのです。

[3] https://haveibeenpwned.com/

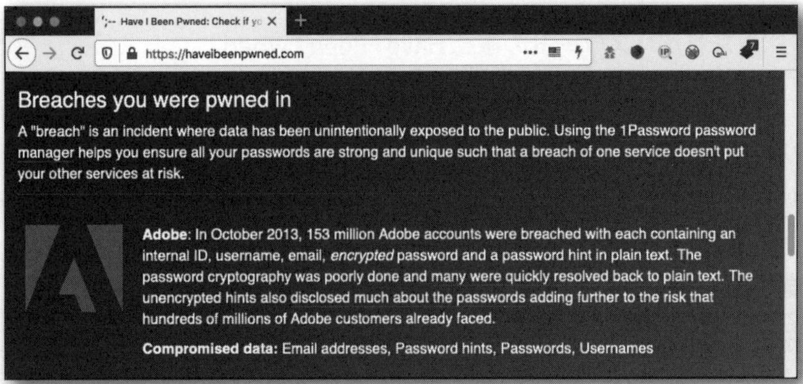

図 3-24　筆者の ID を、Have I Been Pwned で確認したところ、Adobe から漏えいしていた

皆さんも自分のIDを入力してみて、過去にパスワードが盗まれたWebサイトに自分のIDが含まれているかどうかを確かめてみるといいでしょう。そして、その日よりも後にパスワードを変えていないのならば、今すぐ変えるべきです。図3-24のように、筆者である私のID・パスワードも一度被害に遭ったサイトに含まれています（今は既にパスワードを変更しており、また私はパスワードの使い回しをしていないため、実被害はありません）。

IDとパスワードを盗まれるとお金を失う

一般的なWebサービスではパスワードさえ正しければ、それで正当なユーザであるとみなし、誰でもログインできてしまいます。サイバー犯罪に国境はありませんから、攻撃者は地球の裏側にいるかもしれません。そして日本からはるか遠くの離れた場所からでも、ID・パスワードを盗んでログインし、サービスを不正利用することは簡単です。そこから、多くの場合は金銭被害へとつながります。

フィッシング詐欺をおこなうのは簡単ですが、得られるものはID・パスワードというお金に換えられる価値の高いものです。このためフィッシング詐欺は世界中のサイバー犯罪者により執拗におこなわれており、今後も絶えることは無いでしょう。

本書を読んだ皆さんは、自分自身で気をつけるだけでなく、ぜひ周りの方にもフィッシング詐欺の危険性を教えてあげてください。

2要素認証

近年はID・パスワードという昔から使われてきた認証形式から、より安全なしくみとして2要素認証が利用できるサービスが増えています。ここで言う要素とは、認証の3要素と呼ばれるものです。

要素	説明
知識認証	あなただけが知っているもの。パスワード、暗証番号など
所持認証	あなただけが持っているもの。スマートフォン、USBトークンなど
生体認証	あなた自身。指紋認証、顔認証など

パスワードは知識認証ですから、これに加えて所持認証を加えれば2要素認証となり安全です。パスワードが盗まれても、攻撃者はそれだけではログインできません。現在よく使われているのはSMSによる**ワンタイムパスワード**の送信で、新しい環境からログインしようとするとさらに追加でSMSで別途送信した**使い捨てパスワード**を入力させるというものです。

図 3-25　Amazon に新規ログインしようとすると、SMS ワンタイムパスワードも要求された

攻撃者はあなたのスマートフォンをのぞき込むことはできませんから、パスワードが盗まれても不正にログインされることがありません。

なお SMS のワンタイムパスワードは、所持認証として認めるには少々微妙であるため、知識認証として扱うこともあります。例えば VoIP というインターネットを利用した電話（いわゆる IP 電話）の場合は、その ID とパスワードさえ知っていれば電話が使えます。その上で送られるワンタイムパスワードは、やはり知識認証とみなすべきでしょう。このような事情があることから、Amazon や Google は SMS のワンタイムパスワードを 2 要素認証と表記せず、2 段階認証と記述しています。

一方、Microsoft アカウントに 2 要素認証を設定する場合、別途 Microsoft Authenticator というアプリを入れることで 2 要素認証が設定できます。この場合、ログイン時にアプリに Push 通知が来るため、「承認」ボタンを押すことで 2 要素めの認証を行います。この形式ならばあなたのスマートフォンを盗まない限りは 2 要素目は突破できません

図 3-26　Microsoft アカウントにログインしようとすると、アプリに Push 通知が来た

から、文句なく 2 要素認証と言えます。

2 要素認証は、不正ログインに対して非常に強力な防御策となりますから、利用できるサービスでは必ず設定することをお勧めします。ほんのちょっとした設定が、あなたの大事な ID を守ってくれます。

第4章 フィッシングメール

本章では、実際に筆者のメールボックスに届いたフィッシング詐欺のメールを紹介します。そこには人を詐欺の餌食とするためのだましのテクニックがぎっしりと詰まっています。

詐欺という犯罪への防御策として、現実にどのような詐欺がおこなわれているか、そして詐欺師がどのようなテクニックでこちらをだまそうとするか、これらを事前に知っておくことが効果的です。皆さんも銀行や市役所、交番などのポスターで、警察によって**オレオレ詐欺**の事例があちこちで紹介されているのを見たことがあるでしょう。警察は、そのように詐欺師の手口を伝えることで注意喚起して、皆さんがだまされないよう防犯活動をおこなっています。

そのため、ここではフィッシング詐欺の「だましのテクニック」をしっかりと学んでおきましょう。いざ自分がフィッシング詐欺のメールを受け取ったとき、慌てないような心構えを与えるのがこの章の目的です。

4.1 こんなメールがやってくる

まずは典型的なフィッシングメールを見ていきましょう。次ページの図 4-1 は筆者が実際に受け取ったフィッシング詐欺のメールです。

事前知識が全くない状態でこのようなメールを受け取ると、多くの方はびっくりして、慌てます。そして、それがフィッシングサイトへと誘導するものと気がつかずにリンクを押して、画面の指示に従って ID・パスワードやクレジットカード番号、住所氏名などの個人情報を入力してしまいます。

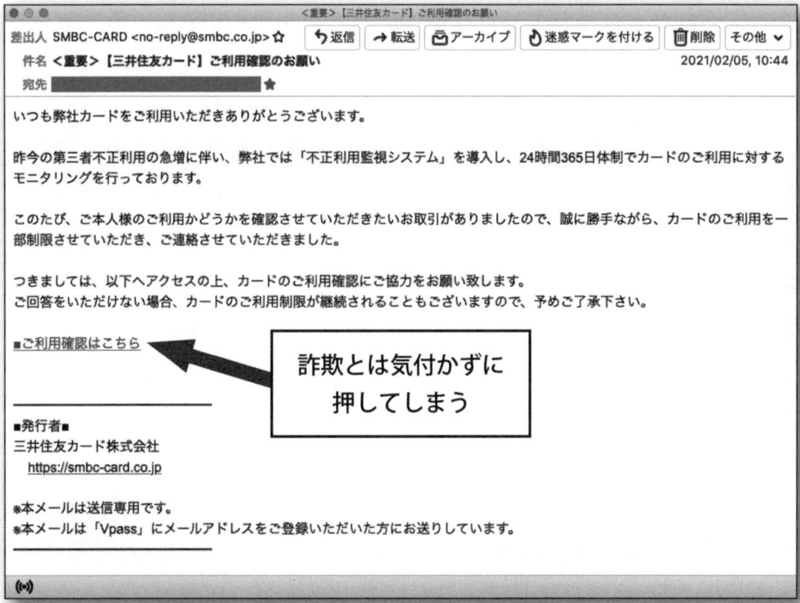
<重要>【三井住友カード】ご利用確認のお願い

差出人 SMBC-CARD <no-reply@smbc.co.jp>　返信　転送　アーカイブ　迷惑マークを付ける　削除　その他

件名 <重要>【三井住友カード】ご利用確認のお願い　2021/02/05, 10:44

宛先 [redacted]

いつも弊社カードをご利用いただきありがとうございます。

昨今の第三者不正利用の急増に伴い、弊社では「不正利用監視システム」を導入し、24時間365日体制でカードのご利用に対するモニタリングを行っております。

このたび、ご本人様のご利用かどうかを確認させていただきたいお取引がありましたので、誠に勝手ながら、カードのご利用を一部制限させていただき、ご連絡させていただきました。

つきましては、以下へアクセスの上、カードのご利用確認にご協力をお願い致します。
ご回答をいただけない場合、カードのご利用制限が継続されることもございますので、予めご了承下さい。

■ご利用確認はこちら

■発行者■
三井住友カード株式会社
https://smbc-card.co.jp

※本メールは送信専用です。
※本メールは「Vpass」にメールアドレスをご登録いただいた方にお送りしています。

図 4-1　銀行を騙るフィッシング詐欺のメール

このメールには、詐欺をはたらくために偽装されているポイントがあります。順を追って解説していきましょう。

差出人（From）の偽装

フィッシング詐欺では、**差出人（From）**は偽装され、公式のメールアドレスから届いているかのように見えることがあります。あるいは自分が差出人になっているメールもあります。これはメールのしくみとして、差出人の表示を変えるのが非常に簡単だからです。

例えば図 4-1 のフィッシングメールの差出人は、`no-reply@smbc.co.jp` というメールアドレスが表示されていますね。`smbc.co.jp` は三井住友銀行のドメインですが、これは本当に三井住友銀行からの正規のメールでしょうか？一見、正しいメールアドレスに見えますが、この差出人の表示を信じてはいけません。これは攻撃者が差出人の表示を変えて、それらしく見せているだけです。メールの差出人は、誰でも簡単に変えられるのです。

「メールの差出人を変えられる」と言うと驚く人がいますが、別に難しいことではありません。メールの差出人は、郵便はがきなどと同じく、あくまで自己申告制だからです。皆さんもやろうと思えば、**内閣総理大臣 ○○××**と差出人欄に書いた郵便はがきを、誰かに送ることは簡単にできますね。それと同じことです。要するに、メールに限らず電話でも郵便でも、詐欺において相手がなんと名乗ろうが、それは自己申告であり信用できないということです。

特に、自分が差出人になっているメールは、驚いて開いてしまう人が多いようです。攻撃者側にとっては、単純に送るメールの**宛先**（To）と**差出人**（From）を同じにするだけなのですが、知識がない人は「自分からメールが届いた！」と、メールアカウントが既に攻撃者に盗まれ

図 4-2　メールも郵便も、差出人は簡単に偽装できる

ていると誤解をすることも多いようです。そのように慌てると、まんまと詐欺師の思惑に乗ってしまいます。

図 4-3 は、有名なメールソフト「Thunderbird」でのアカウント設定画面です。このように、差出人の表示名とアドレスは、自由に書き換えることができます。こうして実際に差出人を書き換えて送ったテストメールが図 4-4 です。郵便はがきなどと同じく、差出人が自由に設定できることが分かります。なお昨今は、ご利用になっているプロバイダや企業内からは、一般的に、他のドメイン名のメールは送ることができないよう設定されていることが多くなっています。

一般的な詐欺でも、詐欺師は自分を警察と名乗ったり銀行員と名乗ったりと、まずは自分を信用させようと嘘の身分を名乗ります。このとき実際の詐欺では偽物の名刺や身分証が使われますが、フィッシングメールでは偽物の差出人が使われます。電子メールというインターネットの

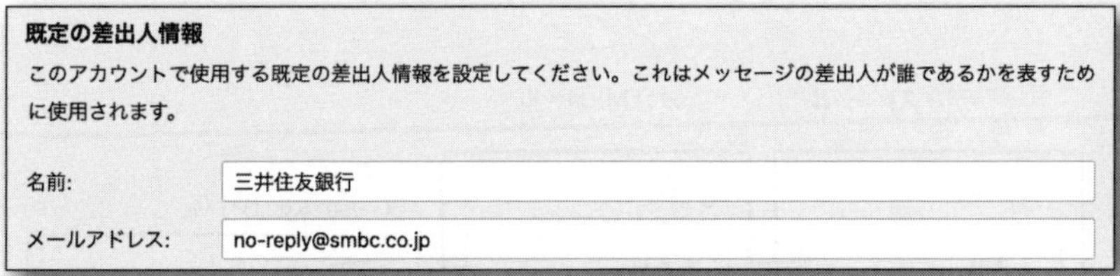

図 4-3　Thunderbird での差出人偽装

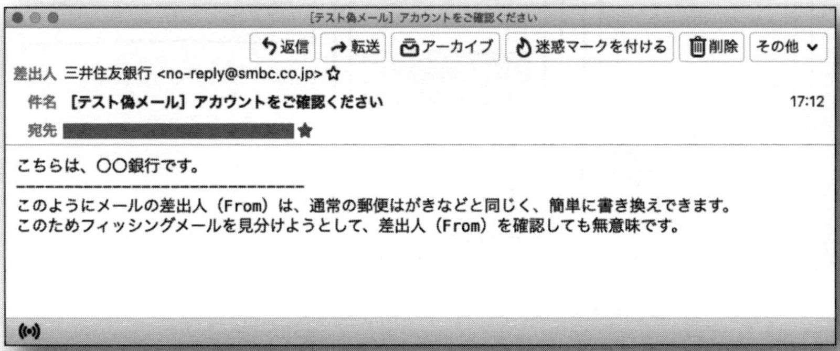

図 4-4　差出人を偽装して銀行からのように見せかけたメール

技術が絡むと、すぐに難しく考えてしまう人がいます。しかし、そんなに込み入った話ではありません。詐欺師の常套手段である、**信用されそうな身分になりすまし、見せかける**手口が使われているだけです。

このため繰り返しになりますがフィッシング詐欺の対策として、差出人のメールアドレスを確認しても大きな意味はありません。ここは特によく勘違いされがちな部分ですので、しっかり覚えておいてください。

リンクの偽装

メールには、テキストだけを利用した**プレーンテキストメール**と、Web サイト作成に使われる HTML（第 3 章で紹介）を利用した **HTML メール**の 2 種類があります。

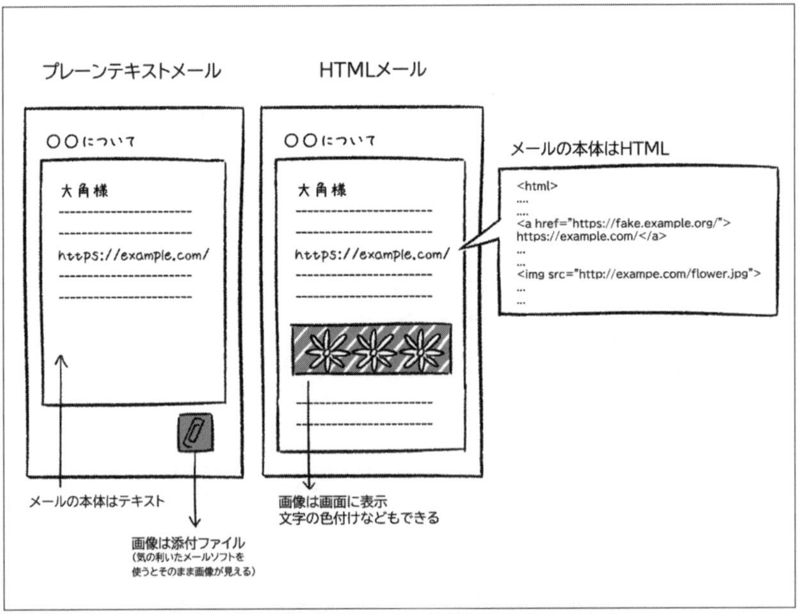

図 4-5　テキストメールと HTML メールの違い

プレーンテキストメールは純粋にテキストだけしか送ることができず、画像ファイルはあくまで添付ファイルとして送ることになります。その一方で HTML メールは一般的な Web サイトと同様に、画像を埋め込んだり文字色を変えたりと凝った装飾が可能なため、昨今は広く利用されています。

しかし HTML メールは、攻撃者が HTML の機能を使って相手をだますことができる、という負の側面も持っています。HTML メールが利用される際、フィッシングメールでよく使われるテクニックが**リンクの偽装**です。被害者にフィッシングサイトへのリンクを押してもらうために、攻撃者はあの手この手でリンクを偽装し、本物っぽく見せるテクニックに長けています。いくつかの事例を見てみましょう。

A タグの悪用

ここで皆さんにひとつだけ、HTML の知識を学んでもらいます。

皆さんはインターネットを利用して Web サイトを見ているときに、ページ内の**リンク**を押して、別のページへと移動することを繰り返しますね。このリンクを実現するためには、HTML の **A タグ**と呼ばれる記法を用います。A は Anchor（アンカー；錨）の略で、リンク元からリンク先へと向かう概念を指し示すための記法です。

これが、<a href="https://example.com/">
サンプルページ </a> へのリンクです。

上記のように、A タグで囲った <a> 〜 </a> の中に、リンク表示に使う要素（文章や画像）を記述します。実際に Web ブラウザを使って表示すると、図 4-6 のように見えます。「サンプルページ」という部分がリンクになっており、実際のリンク先は https://example.com/ となっていますね。多くの Web ブラウザでは、リンクにカーソルを当てると（スマートフォンの場合は長押しすると）実際のリンク先が見えるようになっています。

図 4-6　「サンプルページ」からリンクを設定した例

このように現在のインターネットでは当たり前のように感じるHTMLのリンク機能ですが、これがフィッシングメールでは**偽装リンク**に使われます。

実際に、Aタグを利用してリンクを偽装したフィッシングメールが図4-7です。これは筆者に届いたLINEのフィッシングメールです。

このフィッシングメールでは、表示されているURLと実際にリンクされているURLが異なっています。`line.me`は確かにLINE社の公式ドメインですが、これは単に表示部分に使われているだけで、実際のリンク先である`ymxdy[.]com`が攻撃者のドメインです。実際、このフィッシングメールのHTMLソースコードを見ると図4-8のようにAタグを悪用して、**表示されるURL（見せかけのURL）**と**リンクを設定したURL（実際のリンク先URL）**が異なるように細工されていました。

表示されているメールのリンクをチェックして、正規のドメインかどうかを確認しようするだけでは、この手法にはだまされてしまいます。

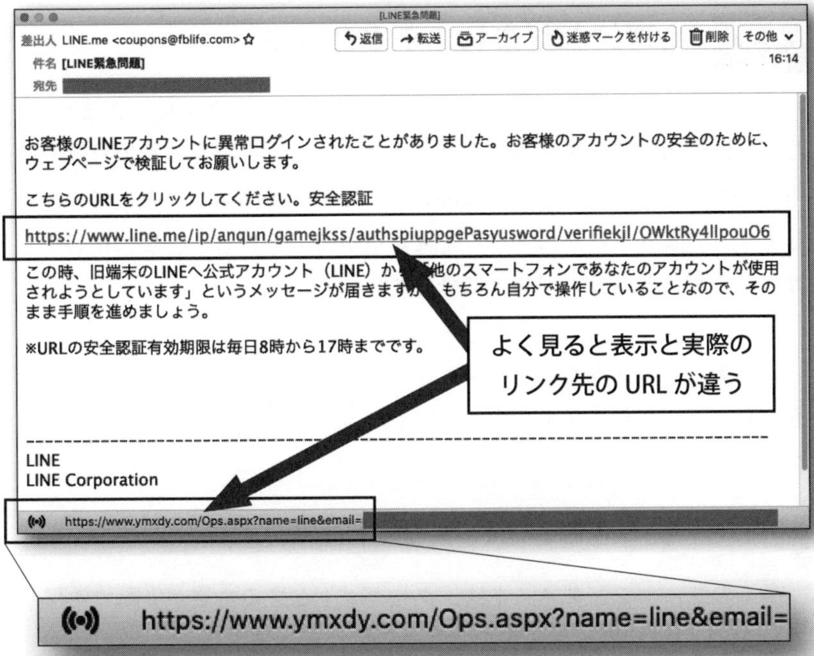

図 4-7　A タグでリンク偽装したフィッシング詐欺のメール

メール画面には
こちらが表示される

```
<P>こちらのURLをクリックしてください。安全認証</P><!--StartFragment -->
<DIV><A
href="https://www.ymxdy.com/Ops.aspx?name=line&email=XXXXXX@XXXXXX">https://www.line.me/ip/anqun/
gamejkss/authspiuppgePasyusword/verifiekjl/OWktRy4llpou06</A>
</DIV>
```

図 4-8　A タグでリンク偽装したソースコード（e メールパラメータは筆者加工）

フィッシング詐欺への対策として、「正しい URL であることを確認してアクセスしてください」と言われることがあります。しかしフィッシング詐欺では、このようにさまざまな「だまし」のテクニックを使われるため、見た目で判断することは非常に危険です。第 7 章で解説しますが、そもそも無理に見分けようとしないことが一番の対策です。

4.2 心理的なだましのテクニック

ここまでフィッシングメールのだましのテクニックを見てきました。しかし詐欺師が使うテクニックは、インターネット特有のものだけではありません。続いてアナログな部分のだましのテクニックを見ていきましょう。つまり「いかにメールを受け取った人を信じ込ませ、リンクを押させるか」という心理的な部分です。

このあたりの基本的な手口は、フィッシング詐欺でも一般的な詐欺でも、あまり変わりありません。

詐欺メールは本物をコピーする

多くのフィッシングメールは、ターゲットとする企業が実際に送信しているメールや Web サイトをコピーして作られます。

この際、企業の公式ロゴ画像は、だましのテクニックとして重要な要素です。第 3 章でも触れましたが、

> ・フィッシング詐欺に引っかかった人の多くが、「そこに公式ロゴがあったから」

ということを信じてしまった理由のひとつして挙げています。しかし繰り返しの注意となりますが、ロゴ画像は公式サイトからコピーしてくればいいだけですから、なんの信用にもなりません。

これは実際の詐欺師も同じで、例えば銀行員を装う場合は、その銀行のロゴ画像を入れた名刺を小道具として使います（図 4-9）。「画像なんて、コピーして印刷してしまえば良いだけ」と頭では分かっていても、**残念ながらそのような名刺にだまされてしまう人**は昔からとても多いのです。

図 4-9　詐欺師が使うロゴ画像にだまされる

ですから、ロゴ画像や、見た目のそっくりさは何の信用にもならないということを改めて頭にたたき込んでおいてください。フィッシングメールは、実際のその企業から送られてきた物をコピーして、リンク先を書き換えるだけで完成です。「本物そっくりだ」と驚く人がいますが、コピーしているだけなのですから本物そっくりなのは当たり前です。

不自然な日本語は手がかりになるか

一昔前は、日本語が不自然なフィッシングメールが多数見受けられたため、多くの人が文章で見抜くことができました。例えば以下のメールは明らかに日本語が不自然で、多くの人が怪しいと感じるでしょう。

しかし近年は、きちんとした日本語のフィッシングメールが多く送信されています。このため「日本語が不自然なこと」を不審なメールとして見分けるポイントにしてはいけません。過去には確かにそのような怪

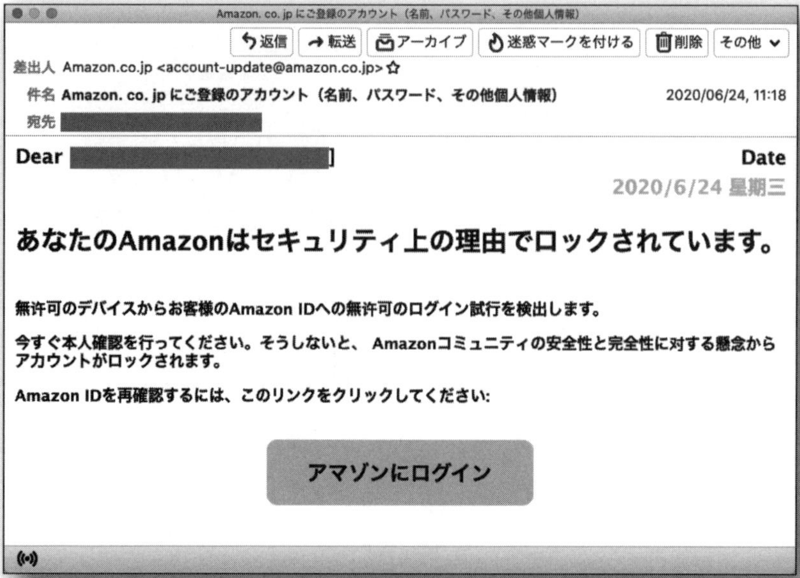

図 4-10　不自然な日本語のフィッシングメール

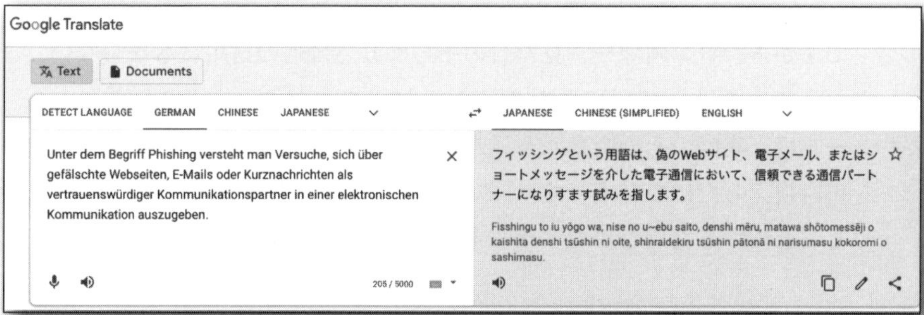

図 4-11　ドイツ語の機械翻訳（Google 翻訳［1］より引用）

[1] https://translate.google.co.jp/

しいメールに気をつけましょう、という注意喚起もされましたが、現在ではそのような**不自然な日本語**を手がかりに対処しようとするのは非常に危険です。

フィッシングメールの日本語が自然なものになった原因のひとつは、機械翻訳の精度が上がったことでしょう。現在、Google や Microsoft は機械翻訳サービスを無料で提供しています。その能力はとても高く、たとえば Google 翻訳を利用してみると、十分に実用的なレベルで日本語へと翻訳することができます。

このため日本語を全く知らない犯罪者であっても、容易に日本人をターゲットにすることができます。また、犯罪者グループが日本語の翻訳者を雇ったり、あるいは日本人が犯罪者グループの中にいれば、「不自然な日本語」は完全に克服できます。ですからメールの日本語が不自然かどうかは、フィッシングメールを見分けるポイントとして不適切です。

判断を誤らせる基本テクニック：急がせる

多くのフィッシングメールでは、「重要なお知らせ」など緊急の連絡をよそおい、急いで処理をするようにせかしてきます。じっくり考える隙を与えないために急がせるのは、詐欺において非常によくある手口です。ニュースなどで、怪しげな投資話にだまされた詐欺被害者の方が、「相手に急がさせられて、お金を振り込んでしまった」と語っているケースを見たことがある方も多いでしょう。

以下のメールの件名・文章の例は、筆者のメールボックスに届いたフィッシングメールから抜粋したものです。この本を読んでいる落ち着いた状態ならば、一目で「怪しい」と思うでしょう。しかしスマートフォンにいきなりこのようなメールが届いたら、皆さんは冷静に対応できるでしょうか。

●件名の例

・【重要なお知らせ】

・【緊急】○×銀行から緊急のご連絡

・［セキュリティ通知］新しいログインが検出されました：アカウントの確認

・＜重要＞【○×カード】ご利用確認のお願い

・あなたのアカウントは一時的にロックされています。

・お支払い方法の情報を更新してください

●文章の例

・「24 時間以内に確認しない場合、セキュリティ上の理由から、アカウントをロックする必要があります。」

・「不正なユーザーがあなたのアカウントにアクセスした可能性があります。以下からすみやかに確認してください」

・「このたび、ご本人様のご利用かどうかを確認させていただきたいお取引がありましたので、誠に勝手ながら、カードのご利用を一部制限させていただき、ご連絡させていただきました。」

・「以下へアクセスの上、カードのご利用確認にご協力をお願い致します。ご回答をいただけない場合、カードのご利用制限が継続されることもございますので、予めご了承下さい。」

では実際、このように人を慌てさせるフィッシングメールの例をいくつか紹介しましょう。

図 4-12 のフィッシングメールは Amazon を名乗っており、クレジットカード情報の更新をするように促しています。

このメールを見ると、多くの人は Amazon 公式からの連絡と思ってリンクを押してしまうでしょう。それはなぜでしょうか。少し掘り下げてこのメールを分析してみましょう。

図 4-12　登録カードの更新を促すフィッシングメール

冷静に読んでみると、このメールは純粋に広告（プロモーション）の観点からもよくできています。すぐにゴミ箱に捨てず、これは大事なメールであるから読まないといけない、そして指示に従わないといけない、という気持ちに自然となってしまいます。

1. 何を相手に伝えたいのかが、件名だけですぐに分かる
2. 相手が何をすればいいか、箇条書きで順を追って説明しており理解しやすい
3. 操作を行わなかった場合、相手が不利になる点を示している

このようにマーケティングの観点から見ても、このフィッシングメールはダイレクトメールなどで押さえるべきポイントをしっかりと押さえています。もちろん攻撃者は単純に、以前 Amazon や他の Web サイト

が実際に送ったメールをコピーして加工しただけでしょう。しかし結果的にその文章はフィッシング詐欺の攻撃者に利用されています。**大手企業がお金と時間をかけ、「思わずクリックしたくなる」ようマーケティング部門が知恵を振り絞った結果を、攻撃者はまんまと盗み取っている**わけです。

■緊急であると思わせて焦らせる

図 4-13 のフィッシングメールはもっとアグレッシブに、受け取った人を慌てさせることを目的としています。26 万円の不審な支払いがあった、というメールが来れば、誰でも急いでメールを開き、内容を確認し

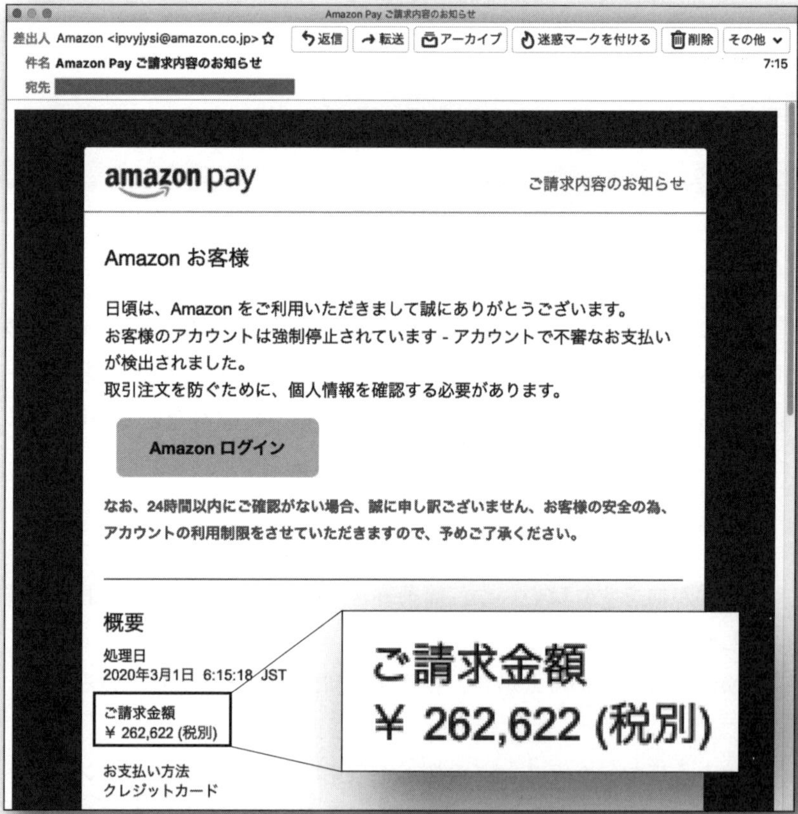

図 4-13　262,622 円の不審な支払いがあった、と確認を促すフィッシングメール

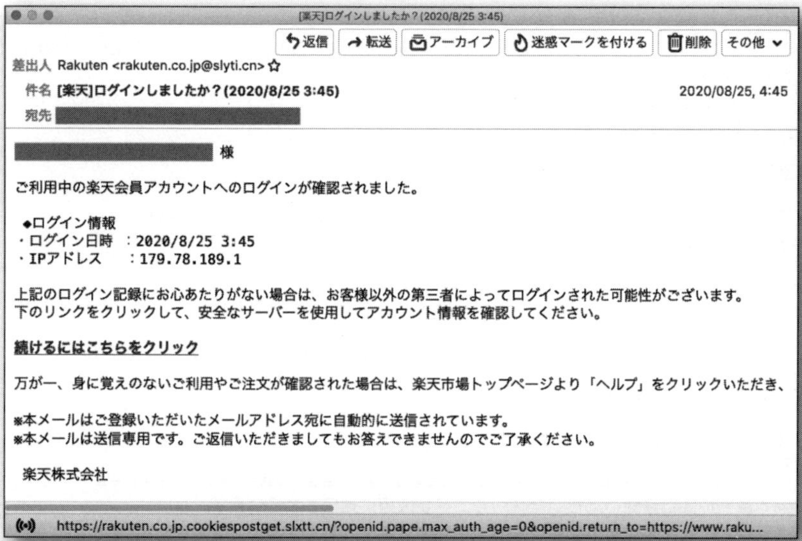

[楽天]ログインしましたか？(2020/8/25 3:45)

返信　転送　アーカイブ　迷惑マークを付ける　削除　その他

差出人 Rakuten <rakuten.co.jp@slyti.cn>

件名 [楽天]ログインしましたか？(2020/8/25 3:45)　2020/08/25, 4:45

宛先 [redacted]

[redacted] 様

ご利用中の楽天会員アカウントへのログインが確認されました。

◆ログイン情報
・ログイン日時　：2020/8/25 3:45
・IPアドレス　　：179.78.189.1

上記のログイン記録にお心あたりがない場合は、お客様以外の第三者によってログインされた可能性がございます。
下のリンクをクリックして、安全なサーバーを使用してアカウント情報を確認してください。

続けるにはこちらをクリック

万が一、身に覚えのないご利用やご注文が確認された場合は、楽天市場トップページより「ヘルプ」をクリックいただき、

※本メールはご登録いただいたメールアドレス宛に自動的に送信されています。
※本メールは送信専用です。ご返信いただきましてもお答えできませんのでご了承ください。

楽天株式会社

https://rakuten.co.jp.cookiespostget.slxtt.cn/?openid.pape.max_auth_age=0&openid.return_to=https://www.raku...

図 4-14　アカウントに不審なログインがあった、
と確認を促すフィッシングメール

たくなるでしょう。残念ながらそれこそ犯人の思うツボです。このように具体的な金額を見せられるとどうしても冷静に判断できないため、フィッシング詐欺に限らず、対面の詐欺でもよく使われる手口です。

この他にも、アカウントやクレジットカードに不審な動きがあったため停止した、確認をしてください、という流れはよく使われます。図 4-14 は楽天アカウントに不審なログインがあったため確認してください、というフィッシングメールです。件名が「[楽天] ログインしましたか？ (2020/8/25 3:45)」と注意を惹くものになっており、攻撃者の工夫が見られます。

「緊急」あるいは「重要」などと煽るフィッシングメールは、大変多く見られます。図 4-15 は「【重要】楽天株式会社から緊急のご連絡」となっており、多くの人はメールを開いてしまうでしょう。

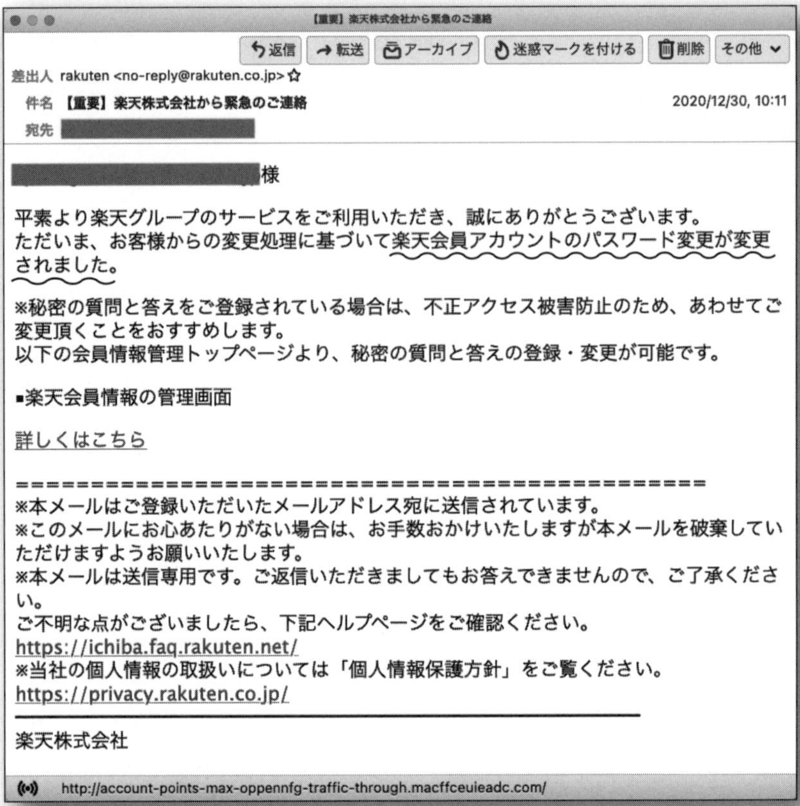

【重要】楽天株式会社から緊急のご連絡

返信　転送　アーカイブ　迷惑マークを付ける　削除　その他

差出人 rakuten <no-reply@rakuten.co.jp>

件名 【重要】楽天株式会社から緊急のご連絡　2020/12/30, 10:11

宛先 [redacted]

[redacted]様

平素より楽天グループのサービスをご利用いただき、誠にありがとうございます。
ただいま、お客様からの変更処理に基づいて楽天会員アカウントのパスワード変更が変更されました。

※秘密の質問と答えをご登録されている場合は、不正アクセス被害防止のため、あわせてご変更頂くことをおすすめします。
以下の会員情報管理トップページより、秘密の質問と答えの登録・変更が可能です。

■楽天会員情報の管理画面

詳しくはこちら

==
※本メールはご登録いただいたメールアドレス宛に送信されています。
※このメールにお心あたりがない場合は、お手数おかけいたしますが本メールを破棄していただけますようお願いいたします。
※本メールは送信専用です。ご返信いただきましてもお答えできませんので、ご了承ください。
ご不明な点がございましたら、下記ヘルプページをご確認ください。
https://ichiba.faq.rakuten.net/
※当社の個人情報の取扱いについては「個人情報保護方針」をご覧ください。
https://privacy.rakuten.co.jp/

楽天株式会社

http://account-points-max-oppennfg-traffic-through.macffceuieadc.com/

図4-15　緊急事態であると煽って、確認を促すフィッシングメール

人間はこのようにせかされたり、緊急事態ということに心を乱されて焦ってしまうと、どうしても正確な判断ができません。ふだんは思慮深い人でも、慌ててしまうとつまらないミスをしてしまう、というのは日常生活でもよくあることです。

フィッシングメールでもこのような心理を利用し、利用者を慌てさせるような文面が多用されます。一度パニックとなってしまえば、あとは簡単です。正常な判断ができないまま、言われるがままにリンクを押してID・パスワードや住所氏名などの個人情報を入力してしまうのです。

心理的な攻撃への対策

このような、人を慌てさせて冷静な判断力を失わせる攻撃へは、まず手口を知っておくことが重要です。このため本章では、フィッシングメールの手口を詳細に解説しました。

この他に、アメリカで国際的なフィッシング対策を行っている次の2つは、共同で **STOP. THINK. CONNECT.** というスローガンで啓蒙活動を行っています。日本でも**フィッシング対策協議会**が参加しており、日本語版の Web サイトも用意されています [2]。

- APWG（Anti-Phishing Working Group）`https://apwg.org/`
- NCSA（National Cyber Security Alliance）`https://staysafeonline.org/`

- STOP 立ち止まる
- THINK 考える
- CONNECT 楽しむ

共同スローガン

インターネットの危険を避けるために、このような意識はとても大事です。突然あなたに緊急のメールが届いたときも、まずは一度立ち止まり、何が起こるのかを考えましょう。ほんのちょっとした「立ち止まる」行動で、多くのフィッシング詐欺被害を避けることができます。

[2] `https://stopthinkconnect.jp/`

第5章 フィッシングSMS

昨今のフィッシング詐欺の中でも、非常に多くの被害者を出しているのが **SMS（Short Message Service）**によるフィッシング詐欺です。SMS によるフィッシング詐欺はフィッシング SMS や **SMishing（スミッシング）**と呼ばれメールのフィッシングと区別されることもありますが、フィッシング詐欺としては同じです。

図 5-1　SMS によるメッセージのやりとり

図 5-1 は、iPhone の「メッセージ」アプリによる SMS メッセージです。SMS はちょっと見る限りではメールと似ていますが、その性質はかなり違います。当然ながら犯罪者はそこに付け込んで、フィッシングメールと同様に SMS 特有の「だまし」の手口を駆使します。

フィッシングメールでの詐欺の手口を見てきたことと同様に、現実に SMS を利用してどのような詐欺がおこなわれているかを学んでおくことは重要です。本章でSMS特有のだましのテクニックをしっかりと理解して、いざというときに慌てず対応できるようにしておきましょう。

5.1　こんなSMSがやってくる

まずはメールと同様に、典型的なフィッシング詐欺のSMSを見ていきましょう。これは筆者が実際に受け取った以下のフィッシングSMSです。

図5-2　不在通知を装ったフィッシングSMS

第3章でも解説しましたが、SMSはメールに比べて重要な連絡に使われることが多く、またiPhoneでは高いチャイム音が鳴ることから、利用者の注意を惹きます。そのためメールに比べて、うっかりリンクを押してしまう人は多くなります。攻撃者もここに目をつけて、SMSでフィッシングサイトへと誘導するのです。

またSMSのしくみを悪用したテクニックのひとつに、**正規の事業者からの連絡に見せかけて送られるフィッシングSMS**も多くあります。

図 5-3　差出人が Amazon に見えるフィッシング SMS

それではここから、攻撃者はどうやってリンクを押させようとするのか、そしてどのようなしくみを悪用しているのか、解説していきましょう。

5.2　本物っぽく見せるワザ

SMS では、メールと違って HTML を利用することができず、本文はテキストのみとなります。そのためフィッシングメールで多用される「ロゴ画像のコピー」や「リンク先の偽装」はおこなえません。その代わりに攻撃者は、テキストでだますための手法に全力を投じています。

まぎらわしいドメイン

もっとも多用される手口は、メールでも利用されるものと同様に、フィッシングサイトへのリンクとして公式サイトに似たドメインやサブドメインを利用する手法です。

図 5-4　Amazon によく似たドメインでの誘導

SMS にはテキストしかないため、本文だけでなく URL にもしっかりと目が向きます。攻撃者はそこを逆手に取り、Amazon など会社名・サービス名をドメインやサブドメインに入れ込むことが多いのです。実際に騙されてしまった人へ聞いてみると、「なんだかよく分からないけど、amazon って入ってるし、だいじょうぶ**だろう**」と考えてリンクを押してしまったそうです。

本書を読んでいる皆さんならば、図 5-4 のようなドメインは逆に怪しいと感じることができるでしょう。しかしほとんどの人は、ドメインやサブドメインについて正確な知識を持っていないため、「どこかに Amazon という文字列があったから」というくらいの知識で詐欺に騙されてしまいます。ドメインやサブドメインについて理解があやふやな場合は、もういちど第 3 章に戻って復習しておきましょう。

Sender ID（送信者 ID）

メールの差出人は簡単に変えられるため、全く信用できないということは第 4 章で解説しました。それでは SMS はどうでしょうか。結論から言うと、**SMS の差出人もメールと同様に自己申告制**であり、多少の制限はありますが攻撃者は自由に変更できます。

皆さんが自分のスマートフォンから SMS を送ると差出人は自動的に設定され、自分の電話番号となります。スマートフォンからはこの差出人部分をいじることはできません。また事業者が送る場合にも、基本的に送信元の電話番号が表示されます。そのためメールほど簡単には、SMS で差出人は変えられません。

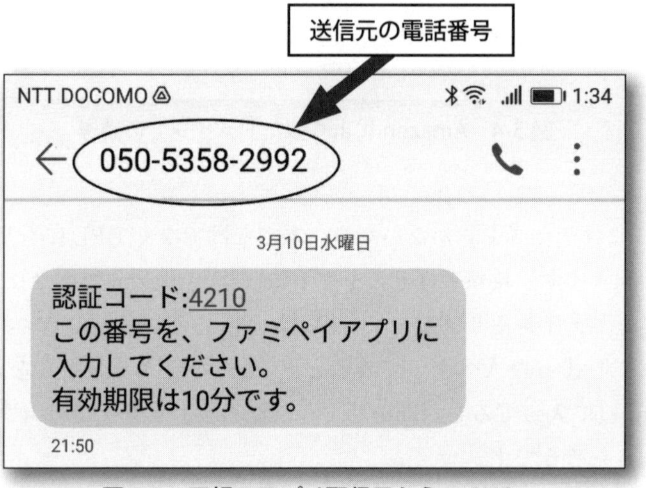

図 5-5　正規のアプリ配信元からの SMS。
送信元の電話番号が表示されている

しかし事業者向けのサービスを利用すると、この差出人の部分は変更できます。SMS でメールの差出人に当たるものを、**Sender ID（送信者ID）**と呼びます。

この Sender ID は、古い歴史もあることからさまざまな事情が込み入っており、携帯キャリアによってさまざまな制限や細かい仕様の違いがあります。また各国での対応も少しずつ違います。そのため本節では、日本でのフィッシング SMS 対策に必要な知識へと絞り、かつ少々簡略化してお話します。

■ Sender IDの種類

スマートフォンで差出人として表示されるSender IDは、以下の2種類があります。

●英数字Sender ID（Alphanumeric Sender ID）
　"LINE"、"Google"など
●電話番号でのSender ID（Numeric Sender ID）
　"090-1234-5678"、"+81 90 1234 5678"など

英数字Sender IDは、国や携帯キャリアによって使えるかどうかが違っておりまちまちです。例えばアメリカでは英数字Sender IDは利用できず、電話番号でのSender IDしか利用できません。一方、日本では英数字Sender IDを自由に利用できます。皆さんもLINEやGoogleから電話番号の確認のため送られたSMSの中に、送信元が電話番号ではなくアルファベット名で書かれたSMSを受け取ったことがありませんか（図5-6）。

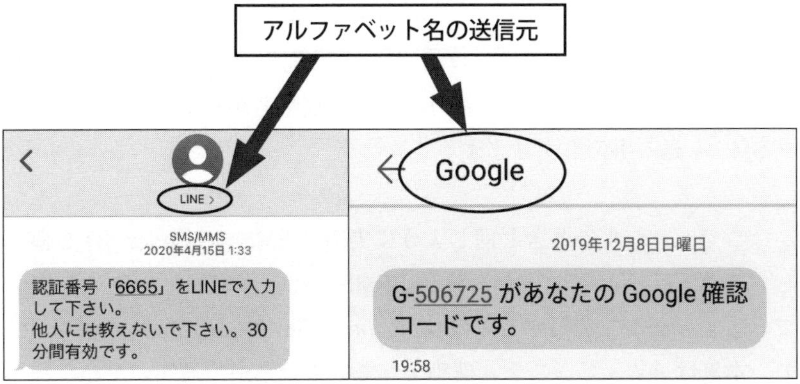

図5-6　本物のLINE（iPhone）とGoogle（Android）からのSMS

一方の、電話番号でのSender IDは皆さん自身でもスマートフォンから簡単に送ることができます。ご友人の電話番号宛に送れば、それがSMSとなります（ただし送信料がかかることに注意してください）。な

お電話番号の先頭のゼロが、iPhone の「メッセージ」アプリでは日本の国番号「+81」が付き、多くの Android アプリでは「0」となります。本質的にこれは同じ番号であり、単に表示の問題です。

図 5-7　iPhone では電話番号の先頭に国番号が付く。日本は +81

皆さんが直接スマートフォンから送る以外にも、SMS は重要な通信インフラであるため、配信基盤サービスを提供している会社が多くあります。これらは法人営業用途のみにサービスしており個人では申し込めないところもあれば、Twilio や Amazon AWS のように個人で使えるものもあります。また海外には格安で SMS 配信を請け負う事業者があり、このような安い配信料の海外事業者を攻撃者が利用してフィッシング SMS を送る事例もあります。

ここで、メールのときと同じように実際に SMS の Sender ID を偽装してみましょう。ここでは「FAKESMS」という Sender ID を設定してみます。ここで利用するのは Amazon の **Simple Notification Service** で、本来は AWS でシステム構築をしている企業が、通知のために利用する機能です。

図 5-8　Amazon の Simple Notification Service で SMS を配信設定。Sender ID を「FAKESMS」とする（図は同サービスページ [1] より引用）

こうして「Sender ID」に好きな文字列を設定して、筆者の iPhone の電話番号に送信することで、実際に以下のような SMS が届きました。

Amazon の Simple Notification ServiceAmazon を利用する際には、しっかりとしたログインアカウントが必要であり、結果、利用のログも残ると考えるのが妥当ですので、そこから足が付くことでしょう。言うまでもありませんが、悪意のある利用をしないことです。

---

[1] https://aws.amazon.com/jp/sns/

図 5-9　iPhone で受け取った Sender ID 偽装「FAKESMS」

ここでは Amazon のサービスでの例を紹介しましたが、これは基本的な SMS のしくみを使っているだけですから、**Amazon 特有の話ではありません。**つまり SMS での差出人である Sender ID は、多少の手間はかかりますが、メールと同様に偽装できます。このため表示されている差出人文字列を信用してはいけません。

■公式と同一の Sender ID の利用

このような SMS の規格を悪用して、非常に騙されやすいフィッシング SMS が実際に配信されています。これは、多くの SMS 送受信アプリが、同一の Sender ID から来たメッセージを同じスレッドに表示するしくみを悪用します。

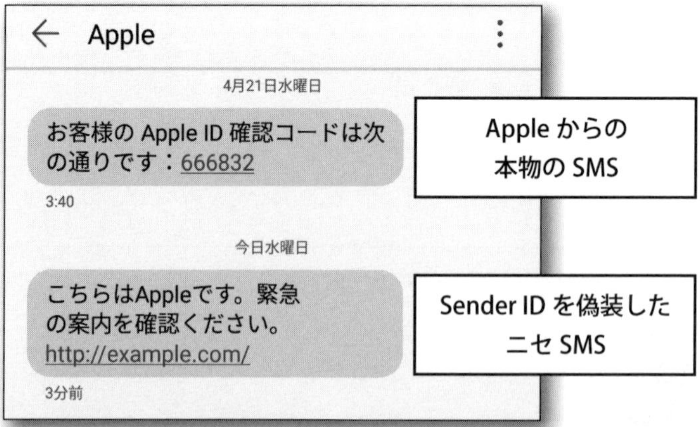

図 5-10　Sender ID が同じ場合、スレッドがつながって表示される

図 5-10 のように攻撃者が正規の事業者と同じ文字列を Sender ID に使うことで、正規のメッセージのスレッドにフィッシング SMS を割り込ませることができます。これは非常に騙されやすい仕様であり、実際に悪用されています。

実際の攻撃事例が、**日本サイバー犯罪対策センター**（JC3）の「通信事業者を騙るスミッシング詐欺の手法に係る注意喚起」に掲載されています（図 5-11）。

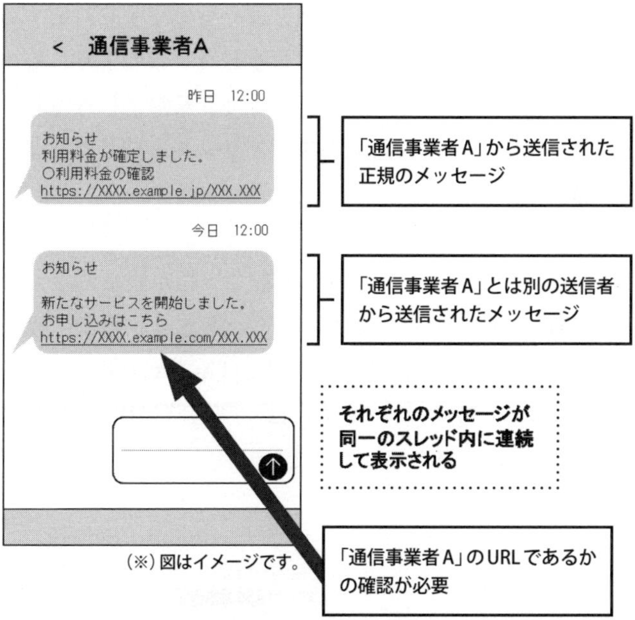

図 5-11　JC3「通信事業者を騙るスミッシング詐欺の手法に係る注意喚起」（[2] より引用）

[2] https://www.jc3.or.jp/threats/topics/article-245.html

ふだん信用している会社から来たSMSに続いて送られてきたメッセージは、どうしても信じてしまう人が多いでしょう。詐欺に騙されないために、皆さんは、このようなしくみをきちんと知っておかなくてはいけません。SMSのSender IDには注意する必要がありますし、ふだん信用している会社からのスレッドにつながるメッセージにも十分注意する必要があります。

5.3 やっぱり慌てさせるのがまず目的

フィッシングメールでは、緊急の連絡をよそおってすぐ対応するようにせかしてくる手口が多いと前章で説明しました。このように心の隙を突くトリックはフィッシングSMSでも全く同じです。じっくり考える隙を与えず、メッセージを読んだ人が慌ててリンクを押してしまえば詐欺師の思うつぼです。

SMSはメールと違って送ることのできる文字数が限られるため、企業が送る公式SMSのメッセージであっても、あまり挨拶などはなくダイレクトに要件を伝えるのが普通です。例えば筆者が利用しているISP（インターネットサービスプロバイダ）は、契約時に図5-12のようなSMSでルーター発送の連絡をくれました。

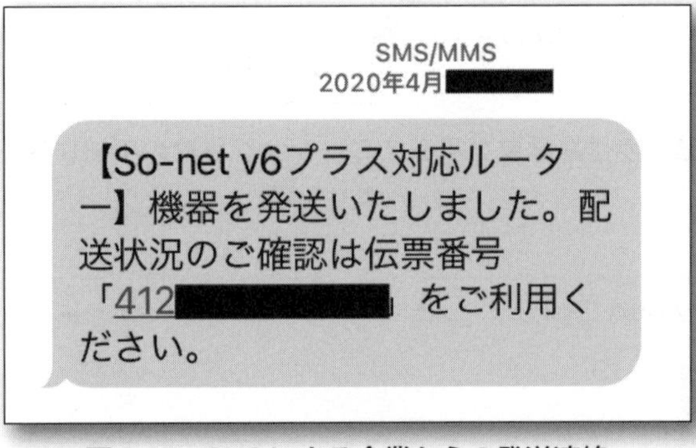

図5-12　SMSによる企業からの発送連絡

ユーザとしてはメールに埋もれることなく気付きやすいですし、企業としても注意を惹いて伝えやすいため、SMSは重要な要件を手短かに伝える用途に向いています。しかし残念ながら、この性質を悪用しフィッシング詐欺でSMSを使われると、ユーザーは怪しまず騙されてしまいやすいという傾向があることは事実です。

以下は実際に過去に送信されたフィッシングSMSの文章を、いくつかピックアップしてみたものです。皆さんがふだん使っているスマートフォンにも、そのうちこのようなSMSが届くはずです。「詐欺師は、まずこちらを慌てさせようとする」ことをしっかりと意識して、冷静に対応しましょう。

- お客様かんたん決済に異常ログインの可能性があります。ウェブページで検証をお願いします。`https://example.com/`
- 佐川急便よりお荷物のお届けに上がりましたが宛先不明の為持ち帰りました。`https://example.com/`
- Amazonプライム会費のお支払い方法に問題があります。詳細はこちら：`https://example.com/`
- Amazon使用制限ポリシーの違反が検出されました、ログインして確認してください。`https://example.com/`
- お客さまの【三井住友銀行】に異常ログインの可能性がございます。下記URLで検証お願いします：`https://example.com/`
- ＜セブン銀行＞お客様の口座は悪用された可能性があります。速やかに安全認証を実施ください。認証はこちら `https://example.com/`
- 【三菱UFJ銀行】お客様がご利用の口座が不正利用されている可能性があります。口座一時利用停止、再開手続き：`https://example.com/`

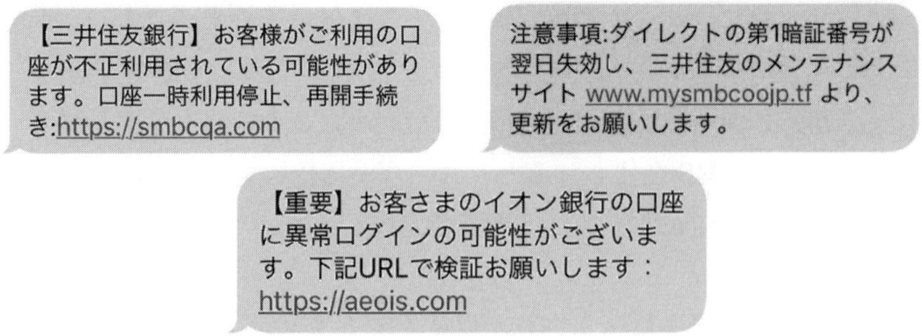

図5-13　実際に過去に送信されたフィッシングSMS（一例）

5.4 SMSを送るマルウェア

第3章で、**マルウェア**に感染したPCが**ボット**（**bot**）となり、攻撃者の指示でフィッシングメールをばらまく事例を紹介しました。マルウェアという言葉を覚えていますか。一般的にはウイルスと呼ばれる、「悪意のあるソフトウェア」のことです。スマートフォンならば、**ウイルスアプリ**と言っても良いでしょう。

実はSMSでも同じことが起きており、マルウェアに感染した一般ユーザのスマートフォンから大量のフィッシングSMSがばらまかれています。

SMSのSender IDが「090」で始まっているなど普通の携帯電話番号のように見える場合、犯人を捕まえるのは簡単そうに思えます。警察がその番号を携帯キャリアに問い合わせ、その契約者情報を元に本人を特定すれば良い、と皆さんも思うことでしょう。しかし実際には、多くのフィッシングSMSはマルウェアに感染したスマートフォンによってばらまかれています。このため発信者を追っても、そこにはマルウェアに感染した端末を所持した人しかおらず犯人はいないのです。

図 5-14　ボットネットから送信されるフィッシング SMS

本章の最後に、このスマートフォンに感染するマルウェアの紹介と、感染すると何が起きるかの実験結果を、実際にマルウェアへ感染させた端末のスクリーンショットを見せながら紹介します。

※筆者はスマートフォンがマルウェアに感染しても攻撃をできないよう、外部への通信を制限するなど十分に対策を施した上で実験をしています。読者の皆さんは、決して安易に真似をしないでください。

iPhoneとAndroidでの違い

現在ばらまかれているフィッシングSMSのマルウェアには多くの種類がありますが、どれも基本的にAndroidを攻撃対象としています。これはAndroidはその仕様上、公式ストア（Google Play Store）以外からも、ちょっと設定をするだけで簡単にアプリをインストールできるからです。

公式ストアからインストールしたアプリとそれ以外からインストールしたアプリを区別するため、「アプリ一覧」では、

1. Google Play Storeからインストールされたアプリ
2. パッケージインストーラからインストールされたアプリ

などと区別して表示されます。また2は、俗に**野良アプリ**と呼ばれることもあります。Androidのマルウェアも、この野良アプリのひとつです。

一方、iPhoneはAndroidと違って、**公式ストア以外からのアプリ**（＝**野良アプリ**）を通常の手段でインストールすることはできません。このためフィッシングSMSのURLへとアクセスした後に、iPhoneとAndroidで受ける攻撃手法は違ってきます。よく見られる例としては、iPhoneでアクセスするとフィッシングサイトへ誘導され、Androidでアクセスするとマルウェアがインストールさせられるパターンです。

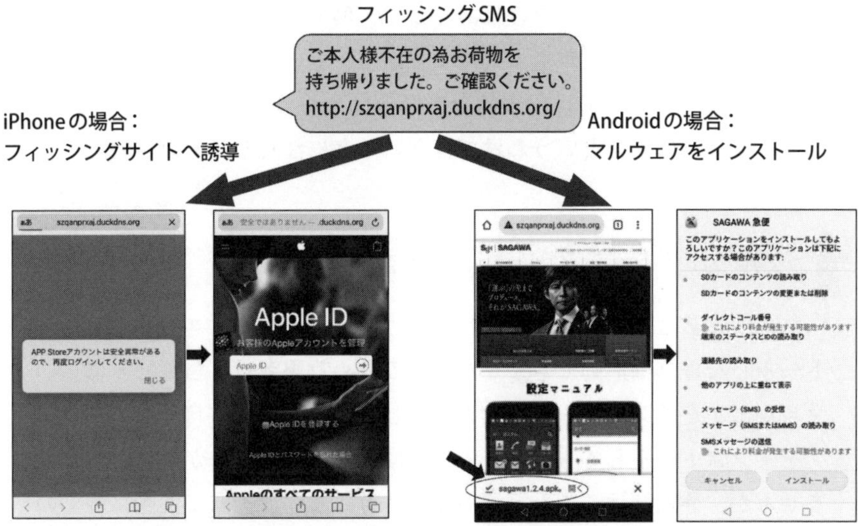

図 5-15　iPhone と Android で同じ URL でも画面が違う。iPhone ではフィッシング、Android ではマルウェアがインストールさせられる

図 5-15 で見ると分かるように、このパターンでは Android でアクセスした場合は **.apk** というファイルがダウンロードされました。これは Android のパッケージファイルであり、アプリのインストーラです。これがマルウェアですが、まるで公式サイトからの本物のアプリのようにアイコンなどを偽装しているため、誤ってインストールしてしまう人は多いようです。一度インストールしてしまうと、このマルウェアは SMS の送受信の権限を持っているため、自由に SMS を送ることができます。

また iPhone でアクセスした場合は、さも Apple からの公式メッセージであるかのように警告メッセージを出し、Apple のフィッシングサイトへと誘導されました。Apple ID を盗めば iCloud に保存されている各種データや Keychain に保存されているパスワードを盗み出したり、登録しているクレジットカードで購入したりとさまざまな不正が行えるため、Apple ID はフィッシング犯にとって人気のターゲットです。

もちろんここに紹介したのはあくまで一例であり、全てがこうなるわけではありません。攻撃者も人間ですから、そのときどきに攻撃手法を変えてきます。ここでは代表的な事例のひとつのみを紹介しただけで、こうでなければ安全というわけではないことに注意してください。

マルウェアをインストールさせるまで

マルウェアはダウンロードされるだけでは害はなく、ユーザがインストールしなければ活動できません。そのため攻撃者は、言葉巧みにこのマルウェアをインストールさせようとします。ユーザが自分でマルウェアをインストールしてしまうというのは、ちょっと信じがたいかもしれませんが、詐欺師はここも言葉巧みに誘導します。そして実際に多くの方が自分でマルウェアをインストールしてしまいます。

たとえばあるマルウェアでは、図 5-16 のように、Google からの警告を装ったメッセージを表示してインストールさせようとしていました。

図 5-16　偽物の Google 警告を装ってマルウェアをインストールさせる

ここでも、基本的な騙しのテクニックは同じです。まずは相手を慌てさせるのが詐欺師の手口であると前章で紹介しました。その定石通り、詐欺師は「システム警告」などというタイトルで見た人を慌てさせます。そしてGoogleなど信頼ある組織であるかのように自分を見せかけ、最新のプログラムと称してマルウェアのインストールを促すのです。

インストール後

フィッシングSMSをおこなうマルウェアのインストール後の動きは、そのマルウェアの種類によってさまざまです。そのため、ここではいくつかのマルウェアのスクリーンショットを元に、代表的な動作の概要を取り上げます。詳細はマルウェアごとに異なりますが、動作の概要はさして変わりはありません。

ユーザの手によりインストールされたマルウェアは、まずは怪しまれないように一般的な名前とアイコンで自らを偽装します。このとき、Googleのシステムアプリや、著名な宅配業者へ偽装するケースが多く見られます。

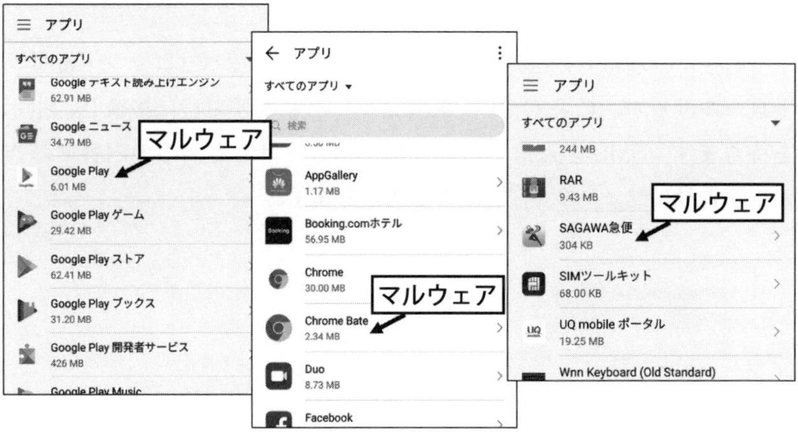

図5-17　「アプリ一覧」から見たマルウェア。
正常アプリに見えるようアイコンと名前を偽装している

そしてマルウェアに感染すると、多くの場合、まずマルウェアはスマートフォンのアドレス帳データを外部へ送信します。図5-18は、感染させた端末の通信を解析したものです。ここではダミーの名前と電話番号をアドレス帳に入れておきましたが、その内容が送信されていることが確認できました。

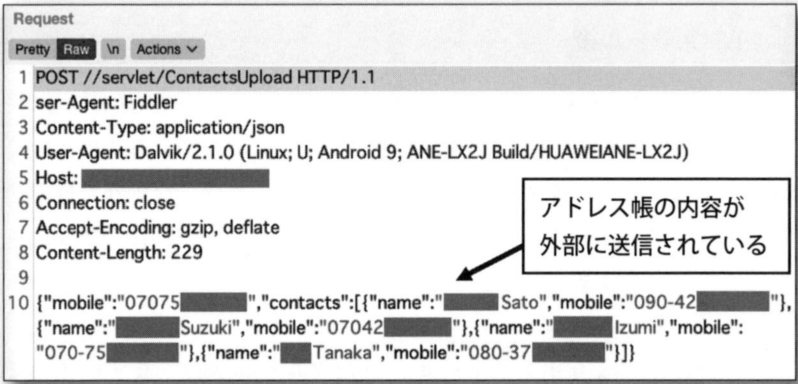


```
POST //servlet/ContactsUpload HTTP/1.1
ser-Agent: Fiddler
Content-Type: application/json
User-Agent: Dalvik/2.1.0 (Linux; U; Android 9; ANE-LX2J Build/HUAWEIANE-LX2J)
Host: [redacted]
Connection: close
Accept-Encoding: gzip, deflate
Content-Length: 229

{"mobile":"07075[redacted]","contacts":[{"name":"[redacted]Sato","mobile":"090-42[redacted]"},
{"name":"[redacted]Suzuki","mobile":"07042[redacted]"},{"name":"[redacted]Izumi","mobile":
"070-75[redacted]"},{"name":"[redacted]Tanaka","mobile":"080-37[redacted]"}]}
```

図5-18　マルウェア感染させたAndroidからアドレス帳のデータが盗まれる

これは次にフィッシングSMSを送るための、電話番号を収集しているのでしょう。

その後は、攻撃者が運用している外部の指令サーバ（コマンド&コントロールサーバ、C & Cサーバ；C2サーバとも呼ぶ）に接続し、指示を待ちます。SMSを送信するように指示を受けると、その内容で該当の電話番号にフィッシングSMSを送信します。

図 5-19　マルウェアが指令サーバから SMS 送信の指示を受けた

攻撃者からすれば自分の電話番号が漏れることがありませんし、なにより SMS の送信費用はマルウェアに感染した人にかかってくるため、無料で SMS を送り放題というわけです。なお指令サーバとの接続方式や命令はマルウェアごとにさまざまであり、ここで取り上げたのは一例です。

SMS を送るマルウェアへの対策

このように非常に恐ろしいマルウェアですが、対策は意外に簡単です。公式ストア（Google Play Store）だけを使うようにすれば良いのです。

具体的には、Android の場合は、システム設定で公式ストアからのインストールのみを許可します（図 5-20）。こうすれば、それ以外からの、いわゆる野良アプリはそもそもインストールできません。なお何かのアプリをインストールするときに、この「公式ストアからのインストールのみを許可する」設定を外すよう案内されても、決して設定をオフにしてはいけません。

お使いの Android のバージョンや機種によって設定項目名は多少異なりますが、以下のような設定名になっています。

・Android 8未満の場合：システム設定の「セキュリティとプライバシー」→「提供元不明のアプリ」のインストール許可をオフにする
・Android 8以上の場合：システム設定の「アプリ」から「提供元が不明なアプリをインストール」で、許可されているアプリをすべてオフにする

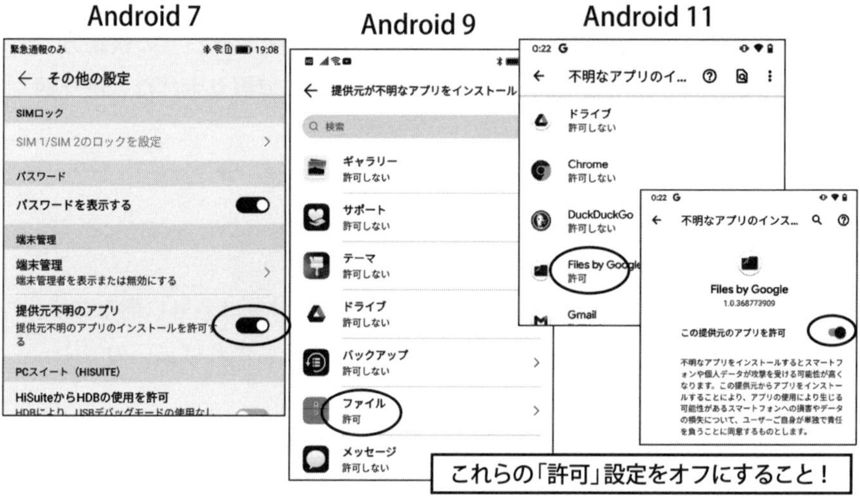

図 5-20　公式ストア以外からは許可しない

一方、iPhoneの場合は、そもそも野良アプリが基本的にインストールできないつくりになっています。そのためあまり心配する必要はありません。ただしフィッシングサイトに誘導されることがあるため、やたらと誘導先でIDパスワードを入れないことはもちろん注意が必要です。

またiPhoneの設定ファイルにあたる「構成プロファイル」をインストールさせようとする攻撃がありますが、これもAndroidと同様に「ダウンロードしたものをむやみにインストールしない」と同じことです。インストールさえしなければ問題ありません。

SMS送信とフィッシングマルウェア ―さらなる調査

本章で紹介したSMSを送るマルウェアは非常に複雑な構成となっており、本章では表面を軽く触れた程度です。その動作についてより詳細を知りたい方は、セキュリティベンダのトレンドマイクロやKasperskyがレポートを日本語で公開しています（[3]、[4]）。興味のある方は是非ご覧になってみてください。

---

[3] https://blog.trendmicro.co.jp/archives/27635

[4] https://blog.kaspersky.co.jp/roaming-mantis-part-v/26912/

第6章 フィッシングサイト

これまでの章で、攻撃者は利用者をどのようにフィッシングサイトへと誘導し、被害者を生み出すのかを学んできました。本章では、いよいよフィッシング詐欺の本体であるフィッシングサイトについて学びます。

フィッシングメールやフィッシング SMS と同様に、フィッシングサイトも「いかに人をだますか」を目的としたものです。そのため詐欺師による多くのだましのテクニックが使われています。インターネット特有の技術を使った手口も多いため、本章は技術的な話も増えますが、ちょっと頑張って読んでみてください。

6.1 本物っぽく見せるワザ

フィッシングサイトは、本来の公式 Web サイトに見せかけて作られた、偽物の Web サイトです。その目的は ID やパスワード、クレジットカード番号など個人情報を**だまし取る**ことです。

そのため、どうやって本物らしく見せるか、どうやって怪しまれないようにするか、どうやって ID とパスワードを入れさせるか、といった点に最大限の注意を払っています。まずはこれらの点を見ていきましょう。

紛らわしいドメイン

フィッシング詐欺の中でも昔から使われている古典的かつ有効な手法で、現在でも引き続き使われているのは、

・正規サイトと似たドメインを取得する
・サブドメインに正規サイトと同じものを作る

という攻撃手法です。

皆さんはふだんWebサイトにアクセスするとき、接続先のドメインが正しいかどうか、毎回1文字1文字ドメイン名を確認することを普通はしないでしょう。そもそも、自分が使っているすべてのWebサイトのすべての正確なドメイン名を覚えておく、などということは不可能です。また一方で、多くの人は本書の第3章で説明したようなドメイン名に対する基礎知識を知らないため、サブドメイン部分に会社名・サービス名を入れるなど「それっぽい」FQDNにしておくだけで簡単にだますことができます。

以下のFQDNは、実際に楽天（rakuten.co.jp）のフィッシングサイトに使われた一例です（実際に悪用されたものであるため、安全のためリンクにならないように . を [.] に置き換えています）。

```
rakutenco[.]top
rakuten-co[.]pw
rakutenten[.]xyz
rakuten-shop[.]cloud
rakuten[.]jp[.]ncwz05[.]cn
rakuten[.]co[.]jp[.]rakutannvip[.]xyz
raukten[.]co[.]jp[.]mscmw[.]com
```

このようなドメインやサブドメインが利用された場合、「なんとなく、rakutenという文字が入っているから……」と安心してアクセスしてしまう人は残念ながら多いのです。本書をここまで読んだ皆さんならば、怪しいドメインであると分かることでしょう。

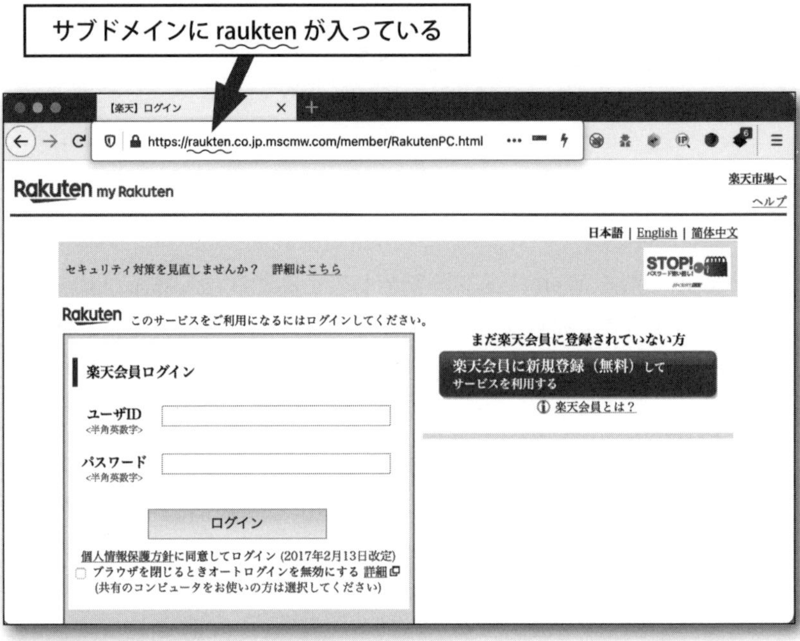

図6-1　サブドメイン名に`raukten`が入ったフィッシングサイト

他にも紛らわしい名前として、

・`l`（エル）の代わりに`1`（数字のいち）
・`.`（ドット）の代わりに`-`（ハイフン）

とした名前でドメインを取得し、そこにフィッシングサイトを立てるという例も多く見られます。以下のFQDNも、実際にフィッシングサイトに利用されたものです。ここでは、

・`.co.jp`の代わりに`-co-jp`
・`z`の代わりに`2`
・`o`（オー）の代わりに`0`（ゼロ）

が使われていました。

```
rakutens-co-jp[.]com
ama20n[.]xyz
amazon-co-jp[.]hjaidjagey[.]club
```

図 6-2　.co.jp の代わりに -co-jp としたフィッシングサイト

■国際化ドメイン名とホモグラフ攻撃

皆さんがふだん見るドメイン名は、ほぼ全てがアルファベットや数字とハイフン（-）などの記号から成り立っています。

しかしドメイン名はこのようなアルファベットや数字だけでなく、日本語をはじめとして、さまざまな文字を使うことができます。実際、https:// 日本語 .jp/ とアクセスしてみれば漢字の日本語がドメイン名に使えることが分かります。

図 6-3　国際化ドメイン：アルファベット以外のドメイン

インターネットは世界中で使われており、もちろん英語圏以外でも活発に使われています。そのように国際的に使われることから、ドメイン名としてアルファベットだけでなく世界各国の言語を利用したいと考えるのは、自然なことでしょう。古くからそのような要望はあり、**国際化ドメイン**は多くの言語が利用可能です。

日本語以外でも、たとえば中国の新華社通信は、「新华网.cn」という中国語のドメインを利用しています。

さらにはトップレベルドメイン（.com など）も国際化しています。図 6-5 は、アラビア語でネットワークを表す言葉 "Shabaka" が使われている例です。

図 6-4　国際化ドメイン：中国の新華社通信のドメイン

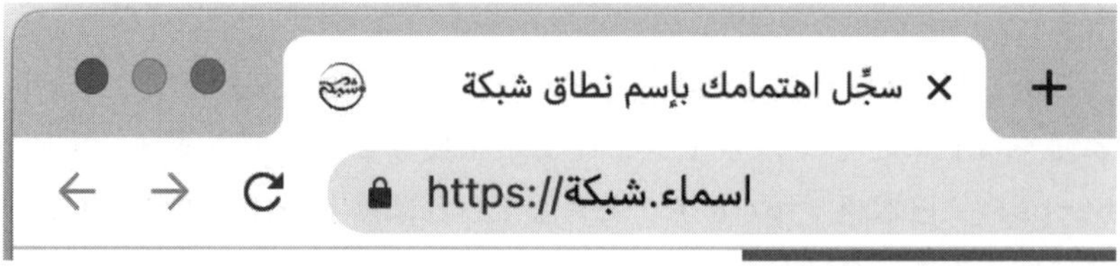

図 6-5　トップレベルドメインがアラビア語となっている例

こうしてドメイン名は技術的には国際化が進んでおりアルファベット以外の文字も広く使えるようになっていますが、実際のところはあまり利用されていません。ドメイン名に各国の言語が使えても、どの国でもそのままアルファベット表記のドメインが多く使われています。これは慣れの問題や、打ちやすさ・覚えやすさによるものと思われます。

たとえば日立製作所は、日立.jpドメインを保有しています。しかし皆さんが日立製作所のWebサイトにアクセスするとき、http://日立.jp/と打つよりhttp://hitachi.co.jp/と打つ方をおそらく好むでしょう。このように国際化ドメインはあまり普及していません。

ではここで、なぜわざわざ国際化ドメインを紹介したのでしょうか。これは、本来は国際化という目的のために仕様が策定された国際化ドメイン名が、残念ながら現在、多くの犯罪者によりフィッシングサイトのだましのテクニックのひとつとして使われているためです。

特にアルファベットに見た目がそっくりの字体が世界各国にあることを悪用して、

- o（アルファベットのオー）の代わりに、
  ο（ギリシャ文字のオミクロン）
- a（アルファベットのエー）の代わりに、
  á（アクセント記号付きのエー）

を使うなどして、有名なWebサイトと見分けが付きにくいドメインが実際に攻撃に使われています。このような攻撃手法は、似た字形を意味する**ホモグラフ（homograph）**という言葉を使って**ホモグラフ攻撃**と呼ばれます。

図6-6は、実際にホモグラフ攻撃での偽ドメインが、フィッシングサイトに使われた例です。

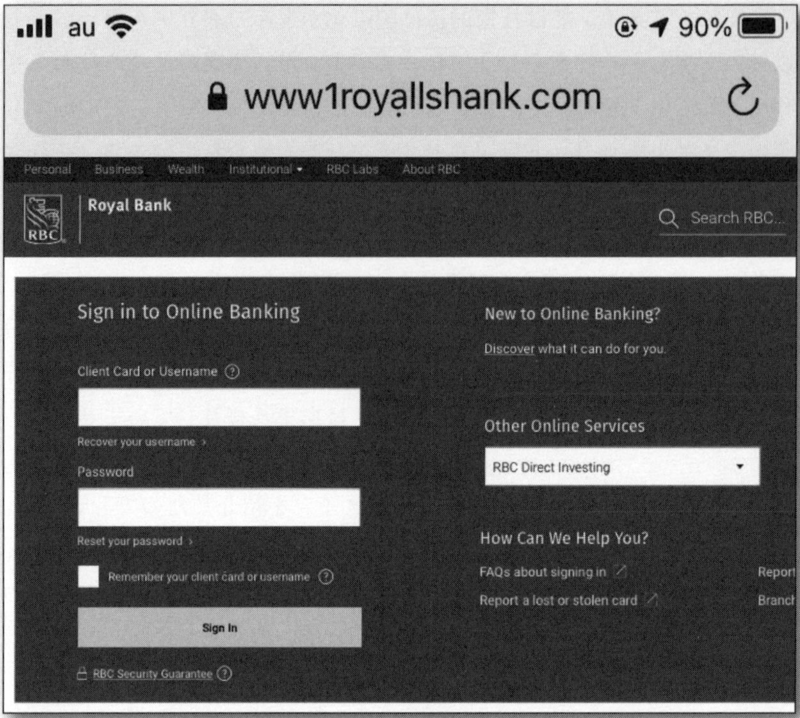

図6-6　国際化ドメイン名を悪用したフィッシングサイト

ここではRoyal Bank of Canadaという、カナダの銀行のフィッシングサイトが作られています。royalの「a」に似た字形として、「aの下にドットが付いたạ」（LATIN SMALL LETTER A WITH DOT BELOW; Unicode U+1EA1）が使われており、これはベトナム語の声調記号として使われる文字です。

特に最近はスマートフォンでインターネットを利用する方が多く、小さな画面でこのような紛らわしいドメインを人間の目で見分けることは難しいでしょう。第7章で詳しく説明しますが、フィッシングサイトを見た目で判断してはいけないひとつの例です。

httpsの利用

現在、多くのフィッシングサイトはhttpsプロトコルに対応しており、アドレスバーに**鍵マーク**が表示されます。この表示に、残念ながら多くの人が「安全である」とだまされてしまっています。そのため、まずはじめにここで強調しておきます：

> ・URLがhttpsであることは、フィッシングサイトか正規サイトかを判断する手がかりにはなりません

httpsの鍵マークは、そこが詐欺的な行為をおこなっているかどうかをもって安全を示すものではないのです。これは、セキュリティの専門用語としての「安全」と、一般名詞としての「安全」が混同されて生じる誤解です。重要なことですから、以下に詳しく説明します。

■ httpsとTLS証明書とは

第3章で、httpは暗号化せずに平文で通信し、httpsは暗号化して通信すると紹介しました。このことをもう少し詳しく見ていきましょう。

多くの方は、「httpsで通信すると安全である。アドレスバーには鍵マークが表示される」という話を聞いたことがあるのではないでしょうか（図6-7）。

図6-7　オーム社のWebサイトへhttpsで通信し、鍵マークが付いている

ところでこの鍵マークは何でしょうか？　そして**https で安全**とは、何がどのように安全なのでしょうか？

この問いにきちんと答えるには、https のしくみと **TLS 証明書**について理解する必要があります。しかし https と TLS 証明書について詳細に書くとそれだけで 1 冊の分厚い本となってしまうため、ここでは簡略化して TLS 証明書の中でも**サーバ証明書**に絞って説明しましょう（図 6-8）。

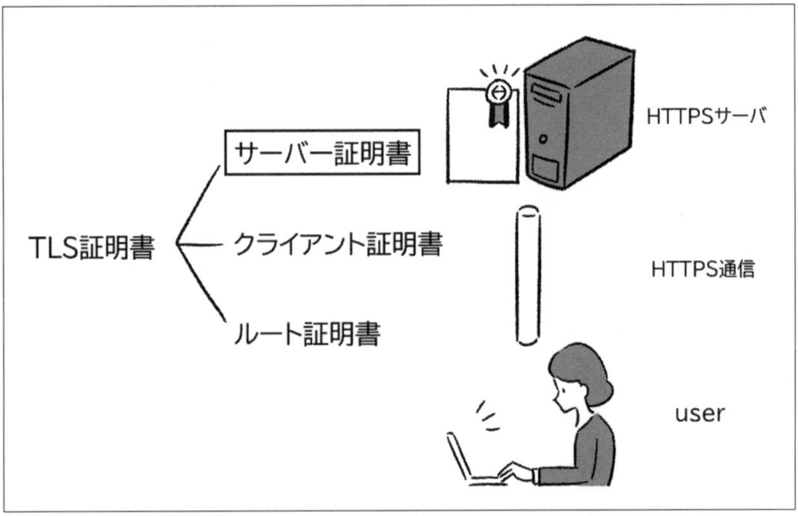

図 6-8　さまざまな証明書と本書の解説範囲

なお、本書では「TLS 証明書」と記載しますが、これは「SSL 証明書」と書かれることもあります。両者は基本的に同じものですので、他の教科書などで SSL 証明書と書かれていれば読み替えてください。

では、オーム社の Web サイトで使われているサーバ証明書の中身を実際に見てみましょう（図 6-9）。サーバ証明書には、その Web サイトの FQDN などの情報と、公開鍵（Public Key）が含まれます。

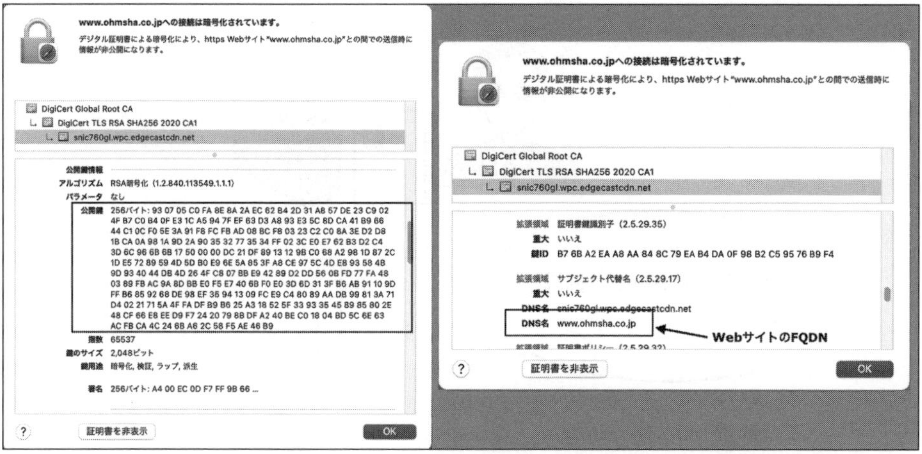

図 6-9　オーム社の Web サイトで使われているサーバ証明書

実際の通信の際には、Web ブラウザはまずこのサーバ証明書を元に通信相手の FQDN が正しいことを確認し（認証）、またこの公開鍵を用いて通信を暗号化して安全にやりとりします。ここで言う安全とは、通信相手の認証と暗号化、そして通信内容の改ざんがないことを指しています。

つまり、https は「いまブラウザが表示している FQDN に正しく接続している」「途中経路で通信が改ざんされていない」「通信が暗号化されている」ことを示して「安全」なのであり、**その Web サイトが法律的・倫理的に安全かどうかを示すものではありません。**ここは多くの人が誤解しているため注意が必要です。

フィッシング詐欺サイトへ「安全」に接続しても、そこには詐欺師が待っているため、もちろん安全ではありません（図 6-10）。

日本だけでなく世界的にもこの誤解は多くあり、問題となっています。そのため TLS 証明書に関連する会社・組織の国際団体である **CA Browser Forum** は、ドキュメント「EV SSL Certificate Guidelines」の

図 6-10　https の「安全」と一般的な意味での「安全」

中で、以下のようにわざわざ「2.1.3 目的外とするもの」という節を設けて説明しています。

CA Browser Forum, EV SSL Certificate Guidelines 1.7.5[1] より引用：

> 2.1.3. Excluded Purposes
>
> EV Certificates focus only on the identity of the Subject named in the Certificate, and not on the behavior of the

[1] https://cabforum.org/extended-validation/

> Subject. As such, an EV Certificate is not intended to provide any assurances, or otherwise represent or warrant:
>
> 1. That the Subject named in the EV Certificate is actively engaged in doing business;
> 2. That the Subject named in the EV Certificate complies with applicable laws;
> 3. That the Subject named in the EV Certificate is trustworthy, honest, or reputable in its business dealings; or
> 4. That it is "safe" to do business with the Subject named in the EV Certificate.

ここではサーバ証明書のひとつであるEV証明書について解説しています。箇条書きの部分に注目してください。証明書はそこに書かれたSubject（FQDNなどが記載されています）と正しく一致するかどうかだけを見るものであり、「違法行為をおこなっていないか、ビジネス行為にあたり信頼に値するか、『安全に（"safe"）』ビジネスが行えるか、などを判断するものではない」とはっきり書かれています。

■フィッシングサイトのhttps使用率

それではフィッシングサイトでは、平文で通信するhttpと、暗号化して通信するhttps、どちらの方が多いのでしょうか。またその割合はどのくらいでしょうか。

これは4章でも紹介したフィッシング対策団体**APWG**（Anti-Phishing Working Group）が、四半期ごとに発行しているPhishing Activity Trends Reportで確認できます（図6-11）。このデータを見てみましょう。

図6-11は、APWGの2020年第4半期（2020年10-12月）までの集計結果です。フィッシングサイトのhttps化率は右肩上がりで上昇し

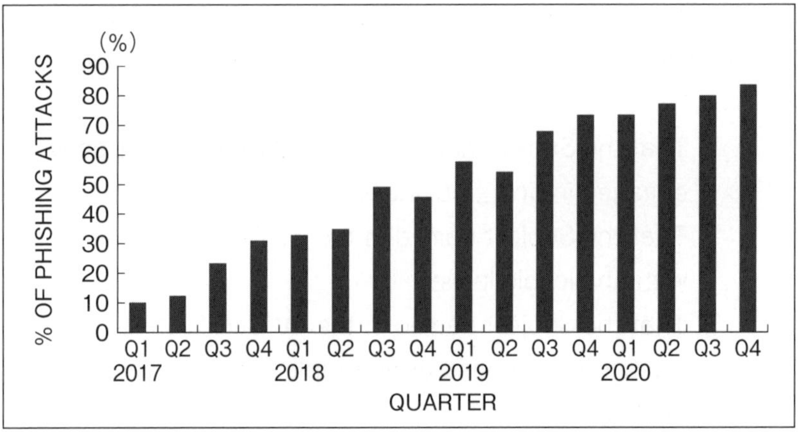

図6-11　フィッシングサイトのhttps使用率
（4th Quarter 2020 Phishing Activity Trends Report,
APWG[2]より編集で加工）

ており、実に80％以上となっています。これを見ても分かるように、httpsで鍵マークが付いていることは、フィッシングサイトかどうかを見分ける手がかりにはなりません。むしろ、フィッシングサイトに鍵マークは付いているのが普通です。

それでは、世の中の一般的なWebサイトでのhttps化率はどのくらいでしょうか。このデータについては、Googleが集計して公表しています。図6-12は、Google透明性レポート「ウェブ上でのHTTPS暗号化」から引用したものです。

[2] https://apwg.org/trendsreports/

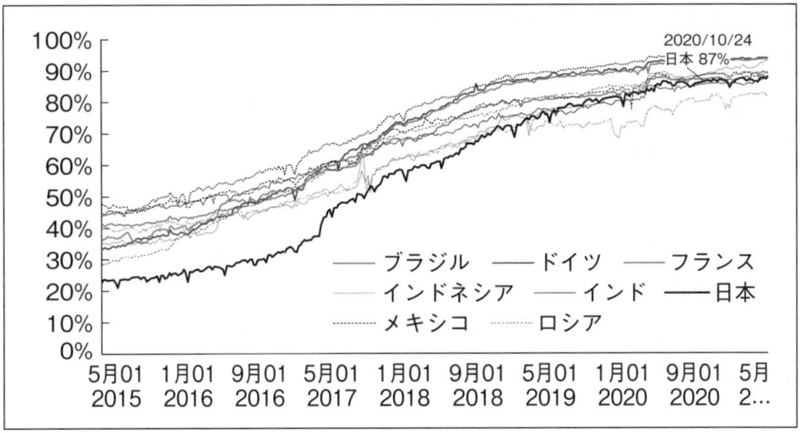

図 6-12　一般的な Web サイトでの https 使用率
（Google 透明性レポート
「ウェブ上での HTTPS 暗号化」[3] より編集で加工）

Google のデータは Google Chrome ブラウザを利用した通信を集計しており、一方、APWG のデータは確認されたフィッシングサイトの数を集計しています。そのため Google と APWG の資料では母数や計算方法が違うため単純に比較はできませんが、一般の Web サイトの https 化率は高くなっており、同様にフィッシングサイトの https 化率も近年高くなっています。つまりそこがフィッシングサイトであろうがなかろうが、http の Web サイトはどんどん減っており、https の Web サイトはどんどん増えています。

ちょっと昔のセキュリティ関連の書籍を見ると、安全かどうかの判断に鍵マークを確認する、つまり「https 通信していることを確認しよう」

[3] https://transparencyreport.google.com/https/overview?hl=ja

と書かれることが多くありました。昔はTLS証明書の価格が高かったため、フィッシングサイトがわざわざTLS証明書を購入して、https対応することはほとんどなかったのです。そのため当時は、これは一面の真実ではありました。

しかし現在では、もはや正確な記述ではありません。先ほどグラフで見たように、一般のWebサイトもフィッシングサイトも、もはやhttps対応をすることが常識なのです。この背景としては、**Let's Encrypt**プロジェクト[4]の存在が大きいでしょう。

このプロジェクトは、http通信が盗聴・改ざんされる危険性や、通信相手を認証できないことを問題視し、インターネット全体のセキュリティを高めようとしている団体です。Let's EncryptプロジェクトはGoogleやFacebook、IBMなど名だたる大企業がスポンサーをしており、世界中の通信をhttps化して通信経路を安全にすることを目的としています。その目的のためLet's Encryptは、TLS証明書を無料で配布しています。つまりTLS証明書は、もはや購入しなくてもタダで手に入るのです。

一般のWebサイトよりも、フィッシング詐欺をおこなう犯罪者の方が、少しでも怪しい点を無くしたいというモチベーションを高く持っています。結果として現在では、むしろフィッシングサイトの方がhttps対応に積極的であるという皮肉な現実になっています。

本節は少々技術的な内容が多かったため、少し難しかったかもしれ

[4] https://letsencrypt.org/

ません。より詳しく知りたい読者のために、巻末に参考情報として TLS 関連の書籍を挙げています。また紹介した CA Browser Forum や APWG のレポートは、誰でも無料で PDF ファイルがダウンロードできますので、興味のある方はご覧になってみてください。

Web サイトのコピー

第 3 章で解説したように、Web サイトは簡単にコピーできます。このため多くのフィッシングサイトは公式の Web サイトをコピーして作られています。**本物そっくり**は当たり前で、本物をコピーしているのですから見た目で判断することは不可能です。

コピーしたときに犯罪者が加工を加えることが多いため、ときおり変なデザインや日本語が見られることがありますが、ここで重要となるのはやはりロゴ画像です。

図 6-13　さまざまなフィッシングサイトはロゴ画像が必ず付いている

Webサイトのコピーすらまともにできていない、作りが稚拙なフィッシングサイトを見ることがありますが、それでもロゴ画像だけはきちんとコピーして貼り付けています。それほどロゴ画像の視覚的効果にだまされる人が多く、また逆に詐欺師も重視しているひとつの証拠でしょう。

ここで繰り返し思い出しましょう。ロゴ画像は、正規サイトからコピーしてくればいいだけです。ロゴ画像があるからといって、そこが正規サイトであるかどうかは全く関係ありません。

■コピーの特徴から犯人の手がかりを追う

フィッシングサイトは攻撃者が作ったものであり、そこには人間くさいクセや誤りがときどき見られます。これらは攻撃者を分析する上で貴重な手がかりとなります。実際、フィッシング詐欺を調べているセキュリティ研究者や、犯人を追っている各国の警察などは、このような特徴にも注目して分析しています。

そこでここでは、Webサイトのコピー作業で**攻撃者のクセ**が出ている事例を紹介しましょう。フィッシング詐欺に引っかからないためだけ

図6-14　jsファイルの後ろに「下载」と付いている

ならば直接に必要となる知識ではないかもしれませんが、攻撃者の手口を知っておけば、いつかあなたが詐欺に引っかからないために役立つかもしれません。

図6-14はセゾンカードのフィッシングサイトの、HTMLソースコードを確認したものです。すると、すべてのJavascriptファイル名(jsファイル）の後ろに、中国語で「ダウンロード」を意味する「下載」という拡張子がついていました。

これは中国でよく使われているWebサイトコピーツールを使うと出る特徴です。おそらくこの攻撃者もそのツールを使っていると予測できます。

一方、図6-15ではHTMLソースコードに「`saved from url=(0111)`」という特徴的なコメントが入っています。これは何でしょうか。

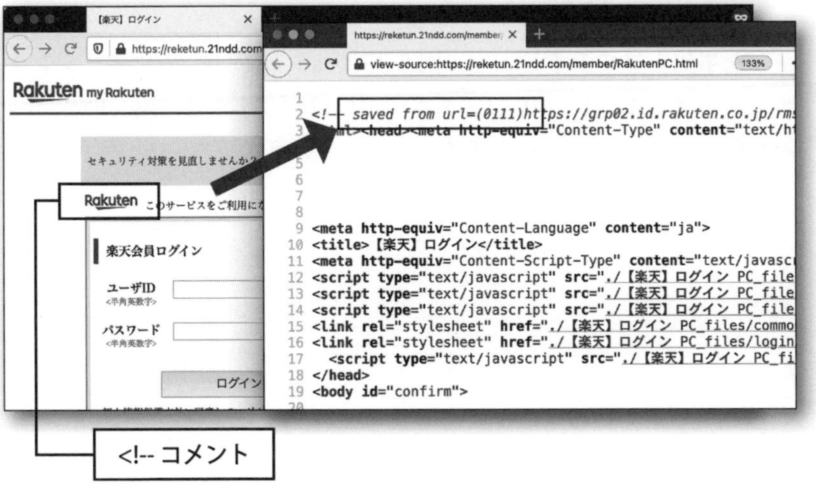

図6-15　コメントに「`saved from url...`」が付いている

実はこれは、Windows の Internet Explorer でページをコピーしたときに入るコメントです。実際、筆者の PC で、オーム社の Web サイトを Internet Explorer でコピーしてみたところ、図 6-16 のように同じようなコメントが入りました。

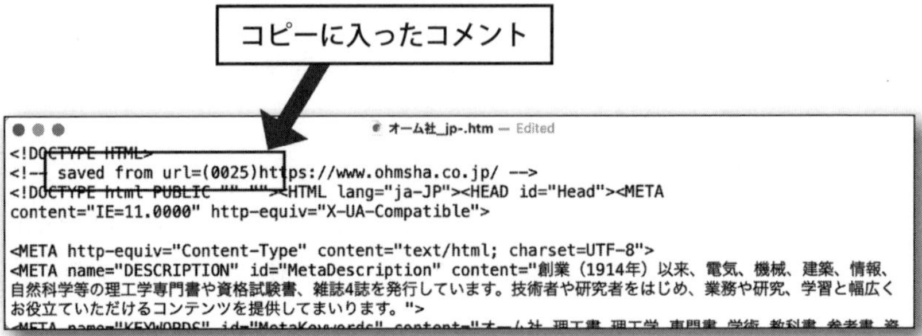

図 6-16　Internet Explorer でコピーしたオーム社 Web サイトの HTML

このことから、このフィッシング犯は Internet Explorer を使って Web サイトをコピーしていることが予想できます。

似た事例を見てみましょう。図 6-17 は au（KDDI）のフィッシングサイトです。この HTML ソースコードには、ご丁寧に「`by HTTrack Website Copier`」というサインが入っています。

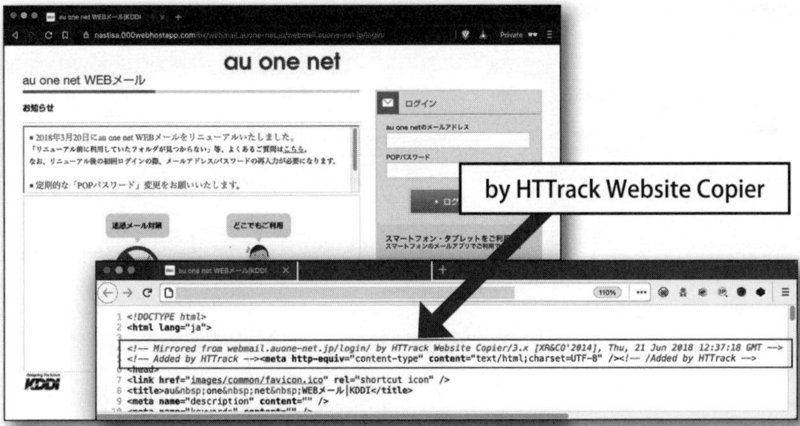

図 6-17　HTTrack でコピーされたフィッシングサイト

HTTrack とは有名な Web サイトのコピーツールです。このツールはコピーした日付も合わせて入るため、攻撃者は「Thu, 21 Jun 2018 12:37:18 GMT」つまり日本時間で 2018 年 6 月 21 日の 21 時 37 分にコピーしたようです。フィッシングサイトも誰かが作ったものですから、このように痕跡を追っていくと、そこに犯罪者の行動が透けて見えてきます。このような調査に興味がある方は、セキュリティの研究者や、あるいは警察官が向いているかもしれませんね。

この他にも、犯罪者の痕跡がフィッシングサイトに残っていることがあります。図 6-18 は、エポスカードのフィッシングサイトです。この HTML ソースコードには、攻撃者が書いた中国語のコメントが残っていました。

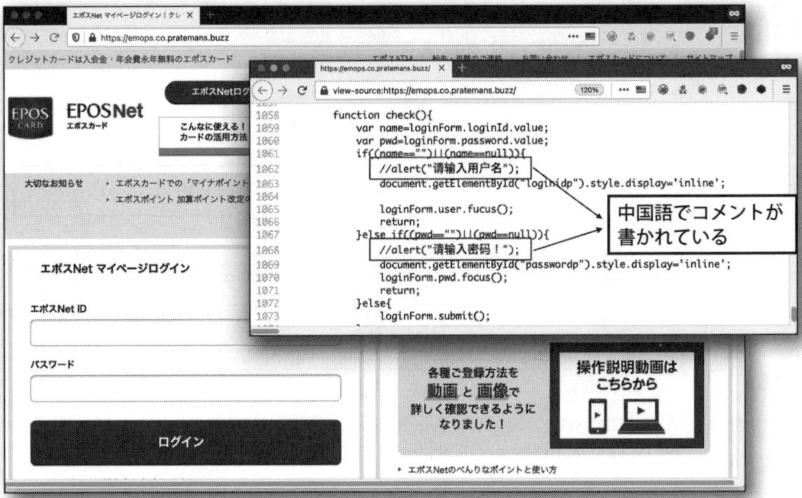

図 6-18　中国語のコメントが HTML に残っているフィッシングサイト

なお、中国語を使っているからと言って、攻撃者が中国人とは限りません。ひょっとしたら別の国の攻撃者が、中国人の犯行と見せかけるためにわざと中国語を使っているのかもしれません。興味深いところですが、本書の目的からは外れるため、これ以上細かい分析はいったん止めておきましょう。

■ログイン後の画面のコピー

フィッシングサイトは正規のサイトをコピーしているという話をしましたが、こうして攻撃者のコピーのクセを調べていくと、ときどき不思議なコピー元に行き当たります。図 6-19 は、au じぶん銀行のフィッシングサイトです。その HTML ソースコードを見ると、`ji-ubc[.]com` というドメインからコピーしていますが、実はこのコピー元も au じぶん銀行のフィッシングサイトでした。つまり、フィッシング詐欺をおこなっている詐欺師が、別の詐欺師のフィッシングサイトをコピーしたものです。

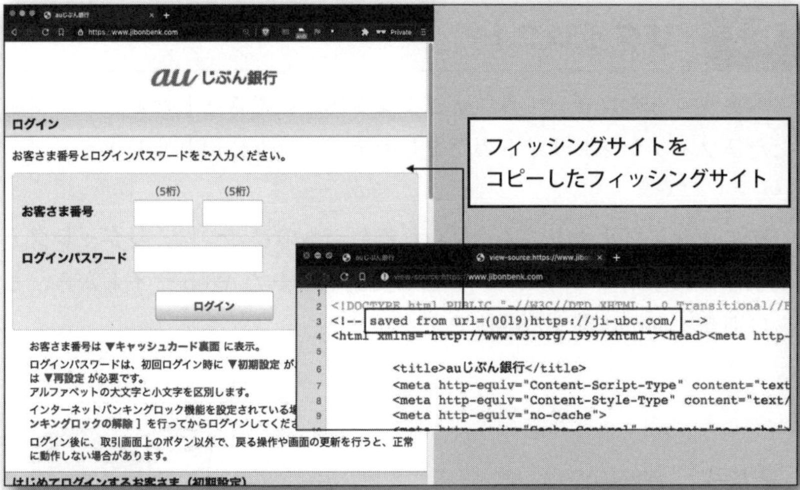

図 6-19　コピー元のドメインもフィッシングサイト？

これは、銀行のフィッシングサイトなどでときおり見られます。自由にアカウントが作れるネットサービスと違い、銀行のオンラインバンキングはその口座を持っていなければアカウントが発行できません。そのため攻撃者は入り口しかコピーできず、ログイン後の Web サイトの画面をコピーすることができないのです。

これを解決するために、他の誰かが作ったフィッシングサイトを丸ごとコピーするという手法が使われます。実際に筆者が攻撃者のコミュニティを調査していたとき、「○○の奴が、俺が作った HTML を盗んだ！」と内輪もめしている書き込みを見たことがあります。

6.2 リダイレクト

本物サイトをコピーするさまざまな事例を見てきましたが、ここでふたたびフィッシングサイトのだましのテクニックに戻りましょう。

フィッシングサイトでよく見られるしくみのひとつに、**リダイレクト**が挙げられます。これはメールなどで誘導されたWebサイトから、さらに別サイトに誘導する手法です。

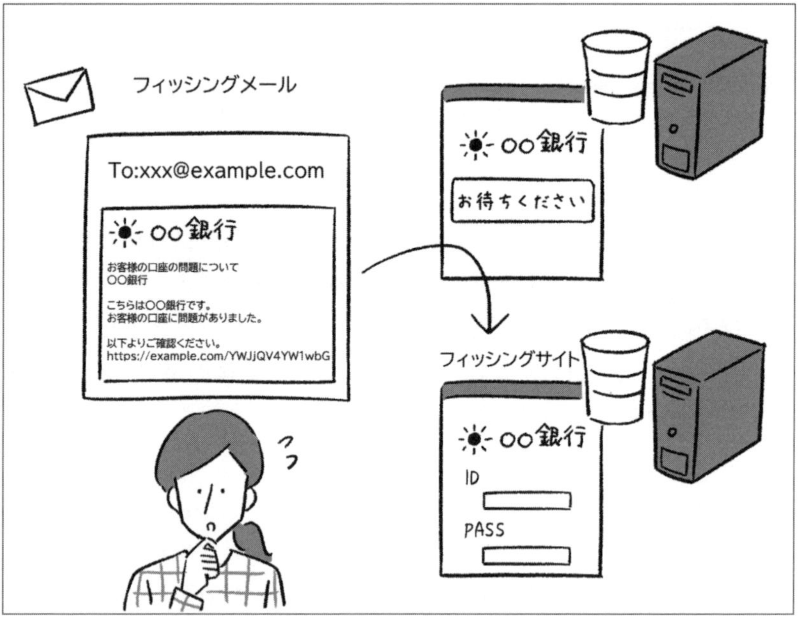

図6-20　誘導先からフィッシングサイトへリダイレクトされる

なぜわざわざ、こんな面倒なことをするのでしょうか。これには大きく分けて、以下の二つの理由があります。順番に解説していきましょう。

1. 手動リダイレクト：入り口に安全と思われるページを挟むことで、不信感や疑われる心理的抵抗を小さくする

2. 自動リダイレクト：フィッシングサイトが見つかることを防ぎ、本当にだましたい人だけにフィッシングサイトを表示する

手動リダイレクト

図 6-21 は典型的な手動リダイレクトの例で、仮想通貨取引所

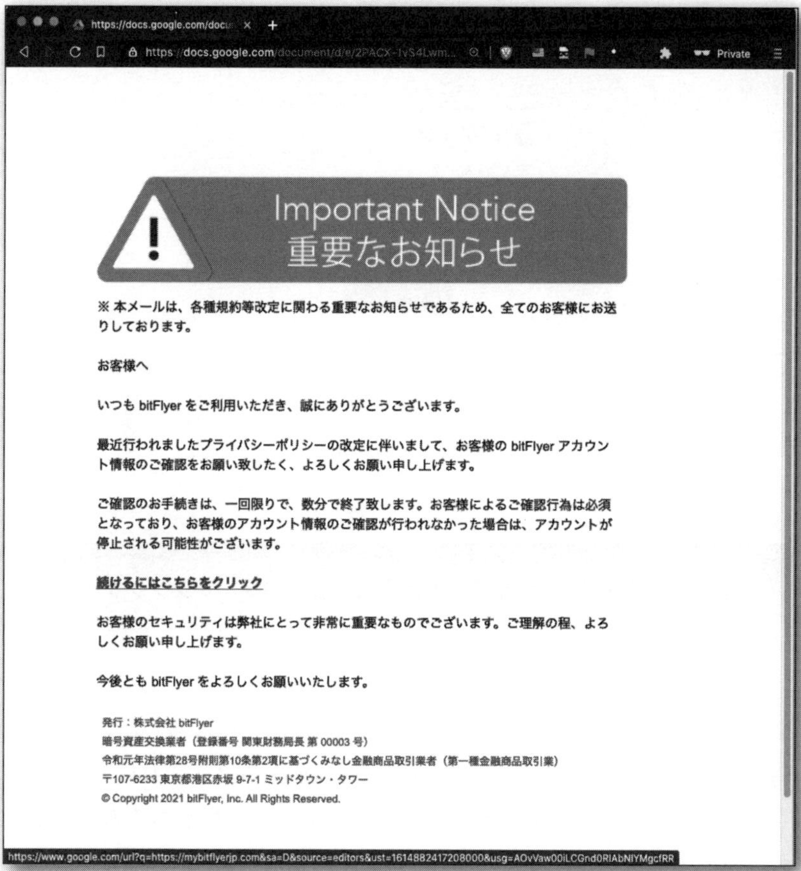

図 6-21　Google ドキュメントに作られたフィッシングサイト

bitFlyerを模したフィッシングサイトです。URLのFQDNが docs.google.com であることに注意してください。これはGoogleドキュメントのFQDNです。Googleドキュメント自体は、もちろんGoogleが提供している真っ当なサービスです。

これはあくまで「入り口」で、ここから「続けるにはここをクリック」を押すと、実際のフィッシングサイト（図6-22）に飛ぶようになっていました。

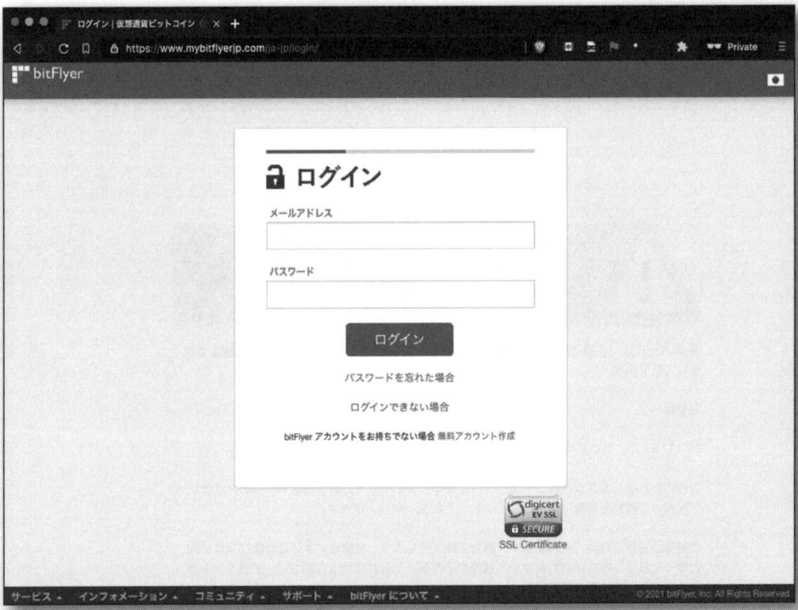

図6-22　Googleドキュメントからの飛び先のフィッシングサイト

これは、ある程度の基礎知識を持っている人をだますための手口です。最初のリンク先が amazon.co.jp.example.com などとなっていれば明らかに怪しいですが、docs.google.com ならば「これはGoogleドキュメントだ」とすぐ分かります。そのため逆に知識がある人は、安全だと思って引っかかってしまうでしょう。

また各種迷惑メールフィルターやウイルス対策ソフトも、Google ドキュメントは基本的に安全とみなしています。そのためなかなか検知しずらい、ということも狙っていると推察できます。

これ以外に、「はじめに警察や銀行、著名なサービスを表示し、そこからの情報発信と見せかける」という手口があります。図 6-23 は三井住友銀行のフィッシングサイトですが、この攻撃者は大胆不敵にも「入り口」を警察庁をコピーしたページにしていました。

図 6-23　ニセ警察庁からリダイレクトされるフィッシングサイト

おそらく攻撃者は、本物の警察からの警告とだますことにより、フィッシングサイトへの不信感を持たせまいとしたのでしょう。このフィッシングサイトはさすがに警察庁も驚いたようで、すぐに警察庁のWebページで注意喚起が出されました[5]。

自動リダイレクト

フィッシングサイトへアクセスすると、はじめにアクセスしたのとは違うページへ遷移する「リダイレクト」が発生するのはよく見られる作りです。このリダイレクトは、通常のWebサイトでも使われています。リダイレクトは自動的に行われるため、ユーザが気づくことはあまりありません。攻撃者は、なぜこのような面倒なことをおこなうのでしょうか。

その大きな理由は、フィッシングサイトの存在を外部から隠すためです。現在フィッシングサイトは主要なサイバー犯罪のひとつであり、フィッシングサイトも毎日大量に作られています。しかし、それに対抗してフィッシングサイトを探す活動も、各国の警察組織やセキュリティ研究者などにより毎日精力的に行われており、フィッシングサイトを発見次第、関係各所に通報して閉鎖させるという活動をしています。

こうなると、攻撃者としては「だまされる被害者だけにフィッシングサイトを表示し、警察やセキュリティ研究者には見えないようにする」というしくみが欲しくなります。これを実現するひとつの手段がリダイレクトです。

[5] https://www.npa.go.jp/bureau/info/chuikanki.pdf

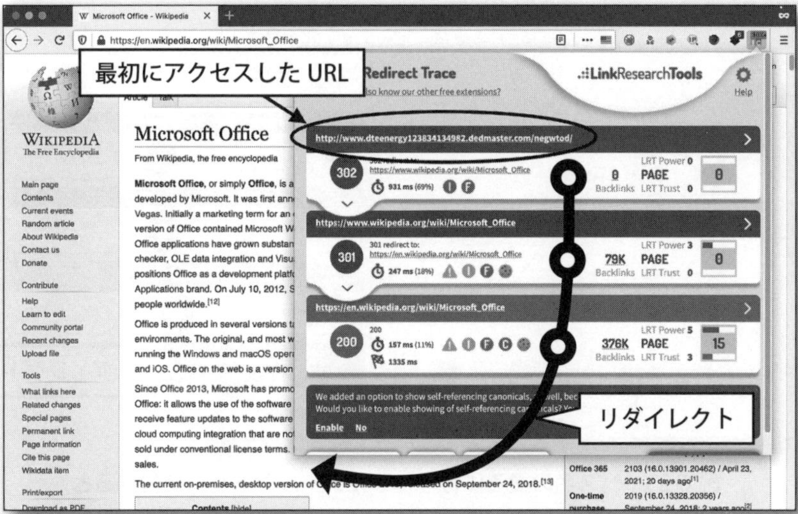

図 6-24　Wikipedia にリダイレクトされる一見無害な Web サイト

図 6-24 は、このリダイレクトを使ったフィッシングサイトの例です。

この Web サイトは、単に Wikipedia の「Microsoft Office」の項目へリダイレクトするだけの、一見して無害のページに見えます（ここでは**リダイレクトが可視化できるよう、Link Redirect Trace**[6] **という Firefox の拡張機能を使っています**）。ところが実は、これはフィッシングサイトです。パス名 `/negwtod/` の後ろに、`Base64` という形式で符号化したメールアドレスを指定したときだけ、Microsoft を騙ったフィッシングサイトへとリダイレクト先を変えるのです（図 6-25）。

---

[6] `https://addons.mozilla.org/en-US/firefox/addon/link-redirect-trace-addon/`

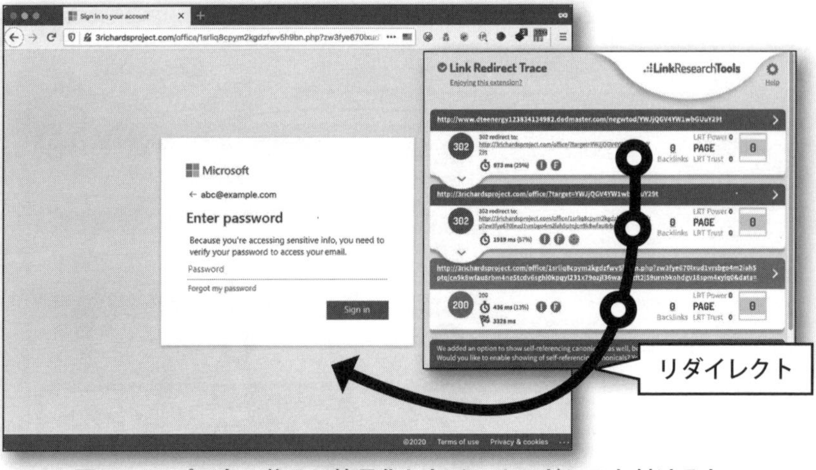

図 6-25　パス名の後ろに符号化したメールアドレスを付けると
フィッシングサイトへリダイレクトされる

ここでは、abc@example.com というメールアドレスを符号化した YWJjQGV4YW1wbGUuY29t を付けてみました。先ほどまでは Wikipedia にリダイレクトされていた Web サイトが、突然 Microsoft のフィッシングサイトへとリダイレクトされるようになった様子が分かります。

この他に、接続元 IP アドレスなどを元に、リダイレクト先を変えてフィッシングサイトを隠すという手口もよく見られます。これは後述の「6.5 フィッシングサイトを隠す手口 - クローキング」で解説します。

6.3　フィッシングサイトを作る場所とドメイン

ここまで、フィッシングサイトのさまざまなだましの手口を見てきました。続いて、どのようにフィッシングサイトが作られるのか、その種類を解説します。特にフィッシングサイトは、作られる場所（ドメイン）が重要で、ここを取り違えると誤った対応をしてしまう場合もあります。注意して読んでください。

ドメイン取得タイプ

ここまで本書で紹介してきたフィッシングサイト作成の手口は、このドメイン取得タイプです。現在非常に多い手法であり、公式サイトと紛らわしいドメインを取得したりサブドメインを設定したりして、誘導するタイプです。

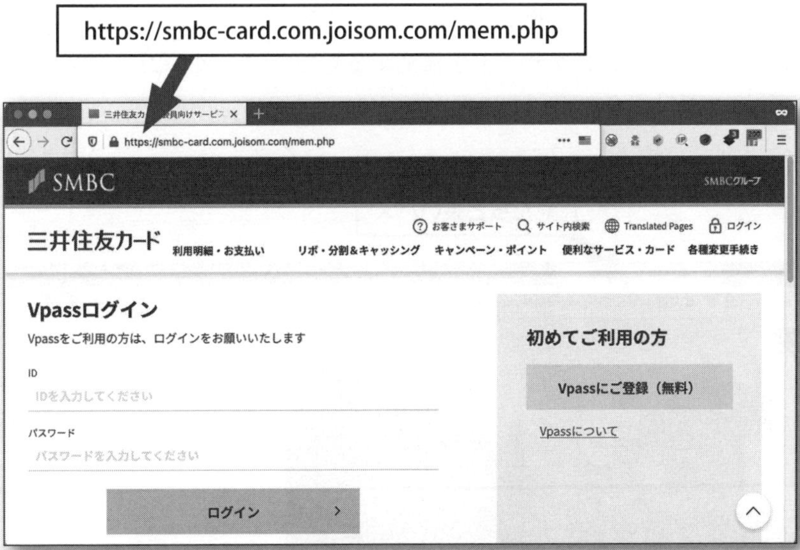

図 6-26　ドメイン取得タイプのフィッシングサイト

図 6-26 のフィッシングサイトの FQDN は、smbc-card[.]com[.]joisom[.]com です。三井住友カードの公式ドメイン smbc-card.com をサブドメインに付けていますね。このフィッシングサイトの本当のドメインは joisom[.]com ですから、実際の三井住友カードとは何の関係もありません。よく見るパターンですからだまされないようにしましょう。第 3 章で解説した通り、ドメインは「右から」見ます。

改ざんタイプ

先に見たように、ドメインを攻撃者みずから取得して、そこにフィッシングサイトを作るのが一般的な手法です。しかし現在これとは違う方法でも、多くのフィッシングサイトが作られています。それがここに取り上げる改ざんタイプです。

これは、一般の Web サイトのコンテンツを改ざんし、そこに「間借り」する形でフィッシングサイトを構築するものです。図 6-27 をご覧ください。これは Microsoft のフィッシングサイトです。

図 6-27　改ざんタイプ（WordPress）のフィッシングサイト

このフィッシングサイトの URL は、これまで見てきたものとは随分変わっていますね。やたらと長いパスになっていますし、なにより元のドメイン名と Microsoft にまったく共通点がありません。これはなぜでしょうか。

実はこの Web サイト、https:// ○○○ graphics. ○○ / はアメリカの Web デザイン会社のものでした。この会社は公式サイトに WordPress という Web サイト作成ソフトウェアを使っていたため、バージョンが古い WordPress の脆弱性を突かれて Web 改ざんが行われ、そこにフィッシングサイトが作られたものです。/wp-content/、/wp-admin/ など WordPress 特有のパスが入っているものはこの改ざんタイプです。

特に WordPress は非常に攻撃者に狙われやすいソフトウェアのため、このような改ざんはよく見られます。WordPress は有名ソフトであるため多くの場所で使われていることから脆弱性を狙う攻撃者も多く、その脆弱性をまた開発者が修正し……といういたちごっことなっています。

これ以外にも、さまざまなソフトウェアの脆弱性を突いてサーバに侵入し、自由にフォルダを作られてそこにフィッシングサイトが設置され

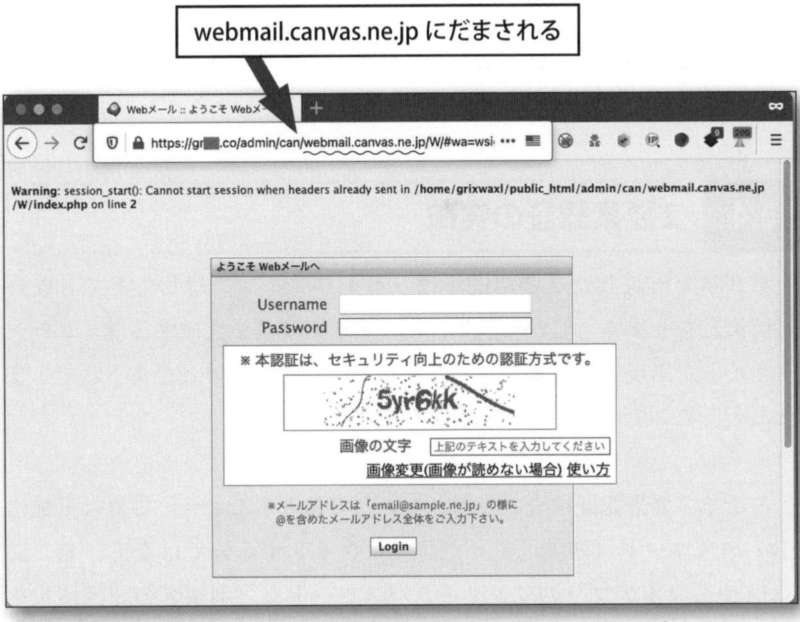

図 6-28　改ざんタイプ（パス名に FQDN）のフィッシングサイト

る場合もあります。図 6-28 はおそらくそのようにして作られたフィッシングサイトです。この Web サイトはいわゆる占いサイトで、運営自体は普通の一般企業でした。そこを間借りしてフィッシングサイトが作られたわけです。なおはじめに index.php の Warning メッセージが出ていますが、これはおそらく攻撃者の力量不足か、ミスによるものでしょう。

フォルダ名を公式サービスの FQDN（これは Do Canvas という日本の賃貸マンション向けの Web サービスです）と同じにすることで、被害者をだまそうとしています。ドメイン名を自由にできない改ざん型のフィッシングサイトでは、このようにパス名でだまそうとするのはよく見られる特徴です。この `/webmail.canpas.ne.jp/` というパス名を見ただけで、「ふだん使っている Web メールかな」と思ってしまう方もいるでしょう。

改ざん型のフィッシングサイトで厄介なのは、特に著名なサイトや社会的に信頼性の高いサイトが狙われたときです。その場合、アクセス先ドメインは信頼性の高い通信先となりますので、さまざまなウイルス対策ソフトやセキュリティフィルターをすり抜けてしまうことがあります。

6.4　2要素認証の突破

第 3 章で解説した**2 要素認証**は、不正ログインに対してとても強い対抗策となります。しかし近年、この 2 要素認証を突破するフィッシングサイトが出現してきました。これも手口を知らないとだまされてしまうため、ここでそのしくみを解説します。

ここで 2 要素認証についておさらいしておきましょう。これは単純に ID・パスワード（知識認証）だけでログインするのではなく、そこに SMS やスマホアプリのワンタイムパスワードなど別要素の認証情報を入れるものでした。攻撃者は手に入れた ID・パスワードだけではログインできないため安全なはずです。ところが、フィッシングサイトで相手をだますことに成功してしまえば、意外に簡単な手口で 2 要素認証を突破できてしまいます。

まずは例を見た方が分かりやすいでしょう。図 6-29 は実際に過去に作られた、LINE の 2 要素認証を突破するフィッシングサイトです。このとき、フィッシングサイトの中では何が起きているのでしょうか。

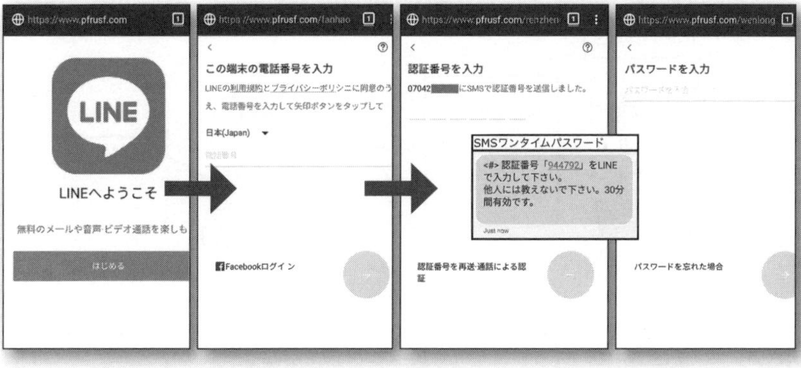

図 6-29　LINE の 2 要素認証を突破するフィッシングサイト

LINE でアカウントを乗っ取るためには、パスワード以外に、登録されている電話番号に SMS で送信されるワンタイムパスワードが必要です。普通の作りのフィッシングサイトでは、攻撃者はこのワンタイムパスワードを手に入れることができません。そのため、なんとか利用者をだまして、フィッシングサイトにワンタイムパスワードを入力させようとします。

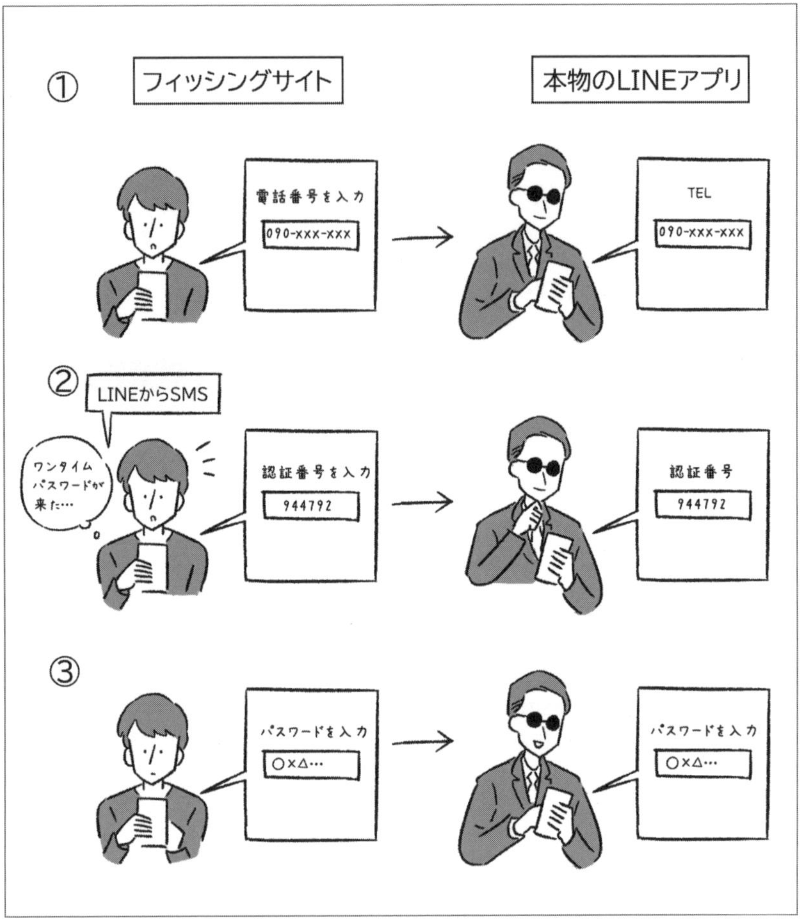

図 6-30　2 要素認証は「中の人」がいれば突破できる

2 要素認証を突破するフィッシングサイトの舞台裏は、実はとてもシンプルで単純です。フィッシングサイトには「中の人」がいて、本物の公式サイトへの通信を「中の人」が中継しているのです。

攻撃者はフィッシングサイトに電話番号が入れられたら、手元の本物の LINE アプリへとその電話番号を入力します。そしてフィッシングサイトは、続けてワンタイムパスワードを入力させる画面を出しておきます。

被害者が再びだまされてワンタイムパスワードが入れられたら、攻撃者はこれも本物の LINE アプリへ入力します。あとは続けてフィッシングサイトをパスワードを入れる画面へと進め、パスワードも同様に盗むだけです。これだけで、2 要素認証は突破され、利用者が被害者になってしまうのです。

もちろん SMS でのワンタイムパスワードだけではなく、銀行などが配布しているハードウェアトークン（図 6-31）のワンタイムパスワードも、全く同じ手口で突破することができます。

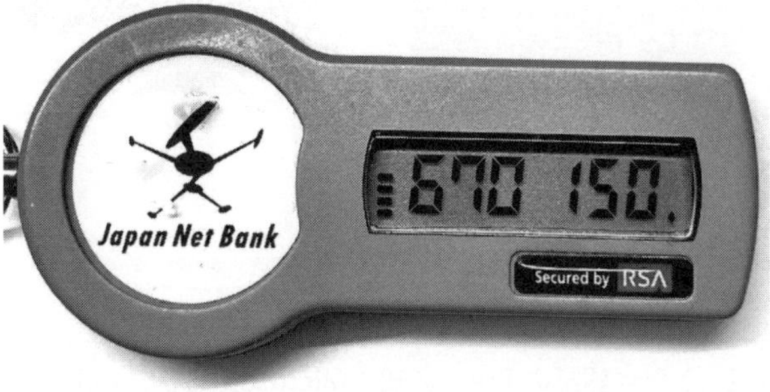

図 6-31　銀行が配布しているワンタイムパスワード表示ハードウェアトークン

このように、本物のサイトとユーザの間に攻撃者が割り込み、通信を盗聴・改ざんして中継する攻撃を中間者攻撃と呼びます。中間者攻撃は原理的には https 通信で防げますが、それは「通信相手の FQDN が正しいことを確認した上で」という条件付きです。LINE で使われる主な FQDN は以下です。

- line.me
- linecorp.com
- naver.jp

これらの FQDN を、LINE を使っているユーザすべてが正確に把握しているかというと、まずあり得ないでしょう。また、そもそもドメインへの基礎知識がなければ、FQDNを確認しようという発想にすら至らないかもしれません。

近年では、AppleやMicrosoft、Googleはスマートフォンへ Push 通知を飛ばすことで2要素認証をおこなっています（図6-32）。

図6-32　2要素認証のPush通知：Microsoftの例、Googleの例

しかしこれも全く同じ手口で突破できます。フィッシングサイトを作り、攻撃者がその通信を中継して本物のAppleやMicrosoft、Googleのログイン画面に盗んだIDパスワードを入れます。すると利用者にPush通知が飛びますが、利用者は「自分が正しいWebサイトに入力したからPush通知が来た」と思い込み「承認」してしまい、被害者になってしまいます。こうして、ワンタイムパスワードと同様に、アプリのPush通知の2要素認証も突破できます。

このような巧妙な攻撃に、私たちはどうやって対策すればよいでしょうか？　こうしたフィッシング詐欺への対策は、本書の第8章にまとめています。

6.5 フィッシングサイトを隠す手口－クローキング

「リダイレクト」のところで少し説明しましたが、ふだんからフィッシングサイトは各国の警察組織やセキュリティ研究者などが発見し、関係各所に通報して閉鎖させるという活動をしています。そのため攻撃者側は、自分のフィッシングサイトを隠すしくみを入れていることがあります。このような手法を**クローキング**（**Cloaking**）と呼びます [7]。このしくみを見ていきましょう。

User-Agent

特にスマートフォンを狙ったフィッシングサイトの場合、スマートフォンで見たときだけフィッシングサイトが表示され、PC で見た場合には無害なページとなるようにしていることが多くあります。調査研究をおこなう人や検知システムはその多くが PC でアクセスするため、単純ながら効果的なクローキングの手法です。

図 6-33 は、イオン銀行のフィッシングサイトの例です。iPhone で接続したときはフィッシングサイトが表示されていますが、PC で接続すると `sagvwa[.]com` というドメインへリダイレクトされエラー画面となりました。

このしくみとしては、Web ブラウザの **User-Agent** という属性を利用しています。皆さんが Web サイトを見るとき、Web サイトには自動的

[7] `https://ninoseki.github.io/2018/11/04/phishing-anti-bot-feature.html`

図 6-33　スマートフォンでアクセスした場合だけ
フィッシングサイトが表示される例

に以下のような文字列が送信されます。これは、なんの Web ブラウザを使っているかを Web サイトに知らせるためです。

・Windows 版 Chrome
Mozilla/5.0 (Windows NT 10.0; Win64; x64)
AppleWebKit/537.36 (KHTML, like Gecko)
Chrome/90.0.4430.212 Safari/537.36

・Android 版 Chrome
Mozilla/5.0 (Linux; Android 11; Pixel 3a)
AppleWebKit/537.36 (KHTML, like Gecko)
Chrome/90.0.4430.210 Mobile Safari/537.36

・iPhone 版 Safari
Mozilla/5.0 (iPhone; CPU iPhone OS 14_5_1 like Mac OS X) AppleWebKit/605.1.15 (KHTML, like Gecko) Version/14.1 Mobile/15E148 Safari/604.1

皆さんがWebサイトを見るとき、同じURLなのにPCとスマートフォンで違う見た目になることが多いでしょう。それらのWebサイトは、このUser-Agentの値を見て表示を変えているのです。このしくみは、フィッシングサイトでも利用されています。つまり先ほどのイオン銀行のフィッシングサイトの例では、攻撃者はUser-Agentに「Android」や「iPhone」と入っている場合だけ、フィッシングサイトを表示するわけです。

接続元IPアドレスと国

日本を狙ったフィッシングサイトでは、「日本のIPアドレスから接続したときだけ、フィッシングサイトが見える」というクローキングの手口もよく使われます。多くのセキュリティ会社は海外にあるため、それらの研究者が普通に接続するとフィッシングサイトが無いように見えてしまうのです。

また、フィッシングサイトへの対応をおこなう場合は、フィッシングサイトが作られているレンタルサーバの会社などに「フィッシングサイトが作られているため、対応して欲しい」という連絡をします。しかしそこが海外の事業者であると、「確認できませんでした」という回答となり、対応が遅れることが多くあります。これはまさに攻撃者が狙っている効果でもあります。

図6-34は、トヨタファイナンスのクレジットカード、TS CUBIC CARDのフィッシングサイトです。このフィッシングサイトは日本のIPアドレスから接続するとフィッシングサイトが表示されますが、アメリカのIPアドレスから接続すると単に自分のIPアドレスが表示されるだけという作りになっていました。このフィッシングサイト自体はアメリカに作られていたため、連絡をしてもなかなか対応されませんでした。おそらく事業者側で、フィッシングサイトが作られていることを確認できなかったのでしょう。

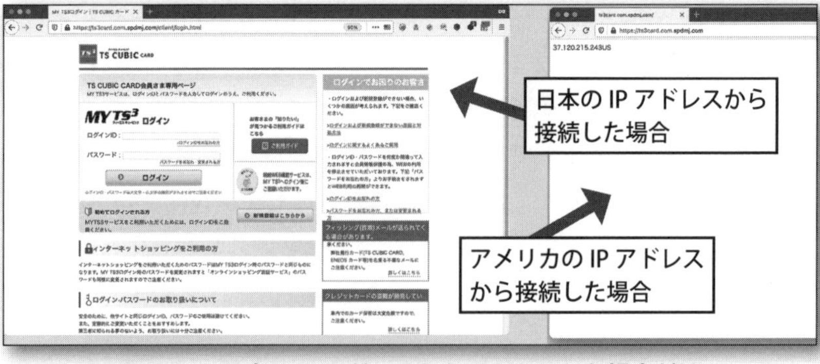

図 6-34　日本の IP アドレスからアクセスした場合だけ
フィッシングサイトが表示される例

Google Safe Browsing と「赤信号」判定

攻撃者が執拗にクローキングをおこなうのは、自分のフィッシングサイトが見つかることを恐れるためです。では、見つかると何が起きるのでしょうか。

フィッシングサイトが見つかると、各国の警察組織やセキュリティ研究者などが該当のサーバ事業者などに連絡を行います。しかしそれよりも真っ先に行われているのは、Google が提供している悪性サイトのリスト **Google Safe Browsing** への報告です（図 6-35）。

図 6-35　Google Safe Browsing の報告サイト（[8] より引用）

ここへは世界中の研究者などが悪性サイトを登録しており、Google Safe Browsing のデータを利用する各社の Web ブラウザから参照されます。フィッシングサイトへ Web ブラウザが接続しようとすると、図 6-36 のように Google Safe Browsing のデータを元に接続がブロックされます。

---

[8] https://safebrowsing.google.com/safebrowsing/report_phish/?hl=ja

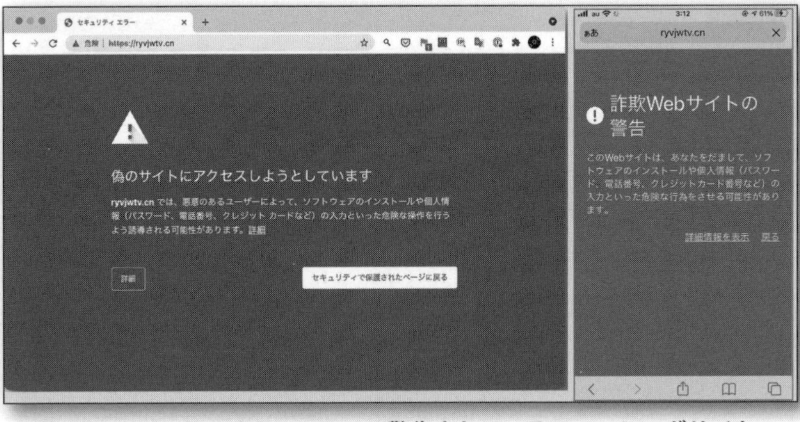

図 6-36　Google Safe Browsing で警告されているフィッシングサイト。左が Chrome、右が iPhone の Safari

このような画面で注意されて、それでも「次へ」と進もうとする人はいないでしょう。こうして実際にフィッシングサイトが停止されるよりも先に、注意画面を挟むことで被害の発生を抑えることができるのです。現在、Google Safe Browsing は Google Chrome だけでなく、Google のライバルでもある Mozilla Firefox や Apple の Safari もそのデータを利用しています。そのためここへ登録すれば、迅速に広く注意喚起することができます。

またこの他に Microsoft 社が、**Microsoft Security Intelligence** という Google Safe Browsing と似た仕組みを提供しています（図 6-37）。

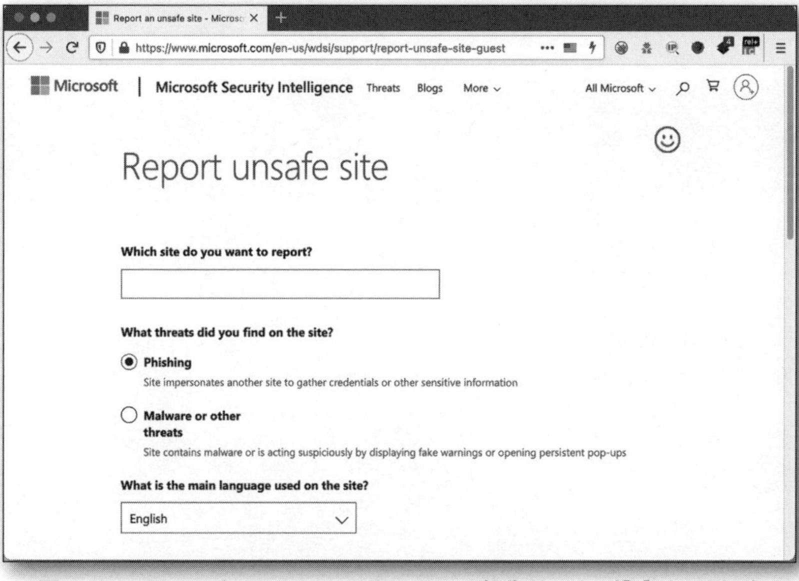

図 6-37　Microsoft Security Intelligence の報告サイト（[9] より引用）

このデータは Microsoft の **SmartScreen** という機能で利用され、Google Safe Browsing と同様にフィッシングサイトをブロックしてくれます。

[9] https://www.microsoft.com/en-us/wdsi/support/report-unsafe-site

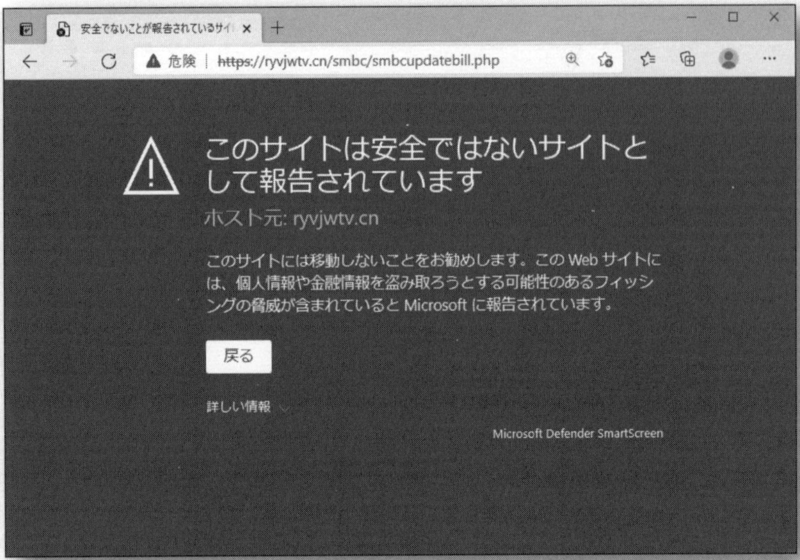

図 6-38　Microsoft Edge で警告されているフィッシングサイト

このようなインターネットの安全を守る仕組みは、フィッシングサイトを作る攻撃者から見れば厄介なものです。そのため、これらの悪性サイトリストに報告されないように、フィッシングサイトの作成者はあの手この手でクローキングをおこなうのです。

フィッシングサイトが報告され、警告画面が出て、また新しいフィッシングサイトが作られ、また報告され……と、今この瞬間にもインターネットのどこかで、ネットの安全を守ろうとする人たちと犯罪者たちとの戦いが続けられています。

思わぬ Web サービスでもフィッシングサイトが作られる

フィッシング詐欺を行う際、攻撃者の多くは、銀行などの金融機関や電子マネー、ショッピングサイトなどを狙います。これらのサービスは現金化に直結しているものが多く、攻撃が成功すれば確実に現金を手に入れられることから、得られるメリットが多いためでしょう。

しかしフィッシングサイトを作られるのは、何もそのような業種ばかりではありません。被害者が騙されてくれればそれで良いのですから、コピーしてくる会社はどこでも構わないという傾向も見られます。この場合、社会的によく知られている会社が無差別に狙われます。

第1章で紹介した「ETC 利用照会サービス」はその例です。こちらのサービスは、ログインしても利用明細が見えるだけで、本来はあまりフィッシング詐欺に狙われるとは考えにくい Web サービスです。しかしこのフィッシングサイトの画面を進めていくと、「照会」のはずだけなのに、突然クレジットカード情報の入力が求められました（図）。

図：クレジットカード情報の入力画面が突然表示される

これは、まず利用者に ETC カードという馴染みのあるサービス名を名乗って安心させ、その後にクレジットカード情報入力を促して情報を詐取するという手口です。一般によく知られているサービス名・会社名をいわば「看板広告」に使って、中身は単にクレジットカード情報を取得したいだけ、というこのようなフィッシングサイトも増えています。

一見、金銭被害とは何も関係なさそうなサービス・会社を名乗るメールが来たとしても、むやみにアクセスしてはいけません。この例のように、何かと理由を付けてあなたの個人情報を狙っている「情報泥棒」の詐欺サイトかもしれないのです。

第7章 フィッシングサイトの「見分け方」？

これまでの章で、フィッシング詐欺のさまざまな手口を紹介してきました。これは怖いな、なんとかしてフィッシングサイトを見分けたい、と皆さんが思うのは当然のことでしょう。

しかし昨今のフィッシング詐欺は非常に巧妙であるため、「ここを見ればすぐ分かる」というような簡単な見分け方はありません。正規の公式サイトのドメインを安全な方法で調べた上で、該当サイトのドメインと一致するかを調べるなど厳密な手順を踏めばできなくもありませんが、これも良い方法とは言えません。この理由は本章で解説します。

筆者はセミナーなどでは、必ず冒頭に「**フィッシングサイトを見分けることはできない**、ということをまず受け入れましょう」と話をします。フィッシングサイトを見分けることは不可能という前提のもと、無理に見分けようとせず、素直にWebブラウザのブックマークや公式アプリから行くようにすれば安全だからです。

それでは、なぜフィッシングサイトを見分けることができないのでしょうか。本章では、一般的によく言われる「**フィッシングサイトの見分け方**」がいかに危険であるかを解説します。本書のこれまでの内容が理解できていれば、**安易な「見分け方」が、実はとても危ない**ことが分かることでしょう。

7.1 フィッシングサイトの見た目では見分けられない

テレビなどでフィッシング詐欺が取り上げられると、これ見よがしにフィッシングサイトと公式サイトを並べて「ここがちょっとズレていて違う」「ここの文字がおかしい」など間違い探しをすることがよくあります。そのような間違い探しなどの見た目を、フィッシングサイトを見分ける手がかりにしてはいけません。

これまでの章で紹介したように、基本的にフィッシングサイトは公式サイトをコピーして作られています。ですから本物とそっくりなのは当たり前です。誤字脱字やレイアウト崩れなどは、そもそも公式サイトの方にもあるかもしれません。そんなあやふやな根拠を元に、素性の分からない Web サイトに個人情報を入力するのはとても危険です。

図 7-1　見た目でフィッシングサイトを見分けるのは不可能
（右がフィッシングサイト）

　また、公式ロゴ画像がきちんと使われているかを確認するという人もいますが、これもとても危険です。ロゴ画像は、フィッシングサイトを作る際に公式サイトからコピーすれば済む話です。詐欺師はそのような人間の心理を知り尽くした上で、人をだまそうとするわけですから、ロゴ画像を頼りにするのはむしろ自分から相手の手の内に入っていくようなものです。

　ですから、見た目で判断することは絶対にできません。そもそも皆さんの目的は、フィッシングサイトを見分けることではなく、安全に公式サイトへと接続することです。無理に見分けなくても、ブックマークや公式アプリなど安全に接続できる他の手段を使えばよいのです。

7.2 httpsの鍵マークでは見分けられない

　フィッシングサイトかどうかを見分けるために「https通信しているかを確認する」「アドレスバーの鍵マークを確認する」というのは、根強く広まっている**誤解**です。これでフィッシングサイトを見分けることは絶対にできません。

図7-2　フィッシングサイトはほとんどhttps化している

多くの Web ブラウザは、https で通信をしていると鍵マークが表示されます。しかし第 6 章で詳しく解説したように、その「安全」とは「通信が守られている」という意味での「安全」であり、相手が詐欺などの悪事を働くかどうかの「安全」とはまったく関係ありません。現実として、既に多くのフィッシングサイトは https となって鍵マークが表示されるため、むしろ https ではないフィッシングサイトの方がまれです。

もっともこれは、Web ブラウザの表示が誤解を招きやすい表現となっていることが一因となっていることも確かです。たとえば iPhone の Safari では、http の平文での通信をおこなうページでは、アドレスバーに「安全ではありません」と表示されます。

ここでは 2021 年 6 月現在、まだ https 化していない国立公文書館の Web サイトを表示してみました。http 通信であり「安全ではありません」と表示されています。

図 7-3　国立公文書館は安全ではない？

しかしこれは、国立公文書館自体が信頼できるかどうかとはまったく無関係です。ここまで本書を読んだ皆さんならば、誤解はしないことでしょう。これは「通信が平文のため盗聴の恐れがある、あるいは相手先が認証できない、だから安全ではない」と言っているだけであり、接続先の国立公文書館が社会的・倫理的に信頼できる Web サイトかどうか、ということは何も言っていません。

7.3　メールの差出人では見分けられない

フィッシングメールに対する大きな**誤解**は、「メールの差出人を確認することで見分けることができる」というものです。第 4 章で解説したように、これは明確に誤りです。メールの差出人（From）は郵便はがきと同じように自己申告制で、誰でも簡単になりすましができます。

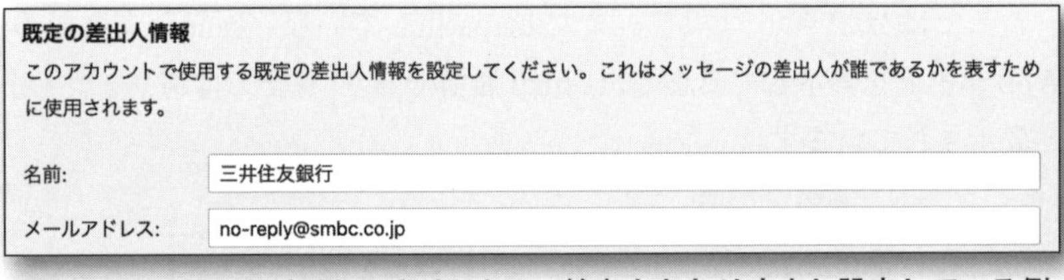

図 7-4　メールソフト Thunderbird で、差出人をなりすまし設定している例

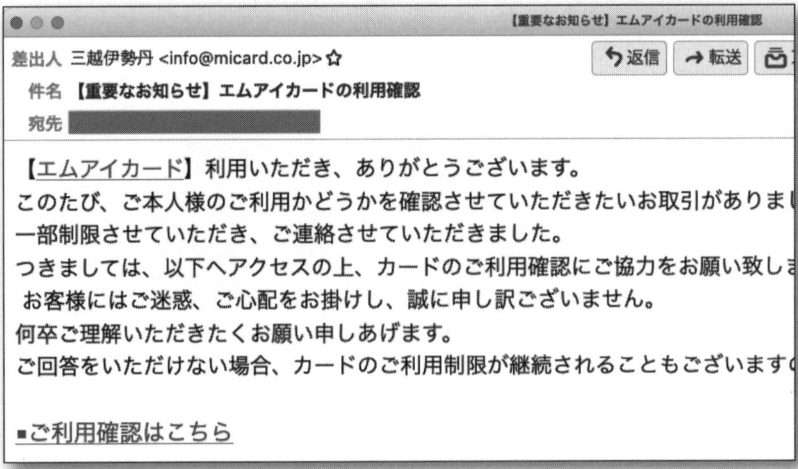

図 7-5　筆者が受信した、差出人をなりすましたフィッシングメール

たとえば筆者が、著名なWebサイトや警察を差出人に設定してメールを送信することは簡単です。しかしテレビや新聞・雑誌などでは、メールの差出人を確認するという対策が、さも効果があるかのように紹介されます。これは知識不足から来るものであり、メールの差出人は簡単になりすませることが知られていないためでしょう。非常に残念であり、かつ危険なことです。

図7-5は、筆者に実際に届いたエムアイカードのフィッシングメールです。差出人は見ての通り、エムアイカードの正規ドメインmicard.co.jpを名乗っています。このような例は多くあります。

差出人の表示名 Display Nameによる偽装

メールの送信元偽装にはもうひとつ有効な攻撃手法があります。それがメールの差出人に設定できる**Display Name（表示名）**の仕様です。

皆さんがメールを受信したとき、昨今ではメールアドレスそのものを表示することは少なくなっています。これはメールの差出人や宛先に、Display Name（表示名）を設定できるため、そちらが優先されて表示されるためです。メールのしくみとして、メールアドレスには以下の2種類の書き方があります。

1. メールアドレスだけを書く。apple@example.comなど
2. メールアドレスに加え、Display Name（表示名）を書く。
   Apple <apple@example.com>など

2.の場合、受信側ではDisplay Name（ここでは`Apple`）が表示されます。特にスマートフォンでは画面が小さいこともあり、Display Nameだけしか表示されないケースも多くあります。

攻撃者はこれを利用し、ここにいかにも信用されそうな名前を付けます。いくつかアイディアはありますが、「●●株式会社」といかにも公式連絡を装うか、あるいは`no-reply@example.com`などメールアドレスをDisplay Nameに記載することでこれを差出人メールアドレスと誤認させる例があります。

実際に筆者がこのような手法で受け取った詐欺メールが図7-6です。ここではDisplay Nameを「auインフォメーション」とすることで、いかにもau公式の通知であるように偽装しています。

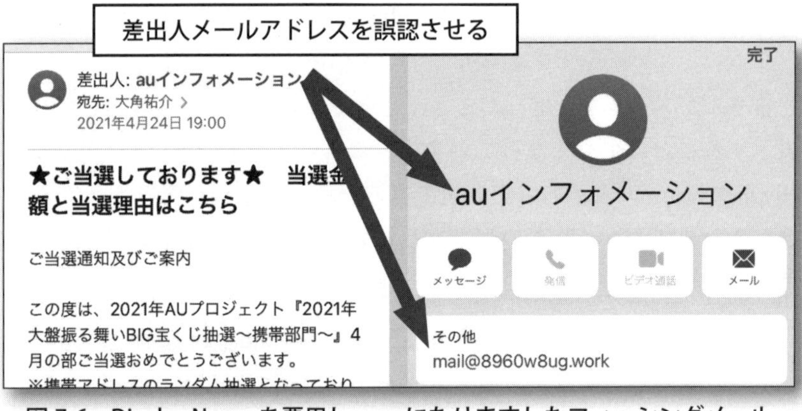

図7-6　Display Nameを悪用し、auになりすましたフィッシングメール

昨今はスマートフォンのみでインターネットを使う人も多いため、このような簡単なトリックも詐欺のテクニックとしては有効になっています。

差出人の表示名：アドレス帳による偽装

多くのスマートフォンでは、アドレス帳にメールアドレスが登録されている場合、たとえ Display Name が付いていなくてもアドレス帳から一致する氏名を探して表示します。これはいちいちアドレス帳をチェックしなくても良いため便利な機能ですが、攻撃者はここに目をつけます。

この手法が有効なのは、差出人（From）と宛先（To）を共に相手先のメールアドレスとして送るものです。多くの場合、スマートフォンは初期設定した状態で自分自身をアドレス帳に登録します。つまり自分宛のメールは、「自分」や「大角祐介（筆者の名前です）」などと表示されます。

これを悪用したのが図 7-7 の詐欺メールです。

このメールを解析したところ、差出人・宛先ともに筆者である私のメールアドレスだけとなっていました。筆者はアドレス帳に自分のメールア

図 7-7　アドレス帳の自動表示を利用した差出人偽装

ドレスと氏名も登録しているため、iPhoneのメールアプリがアドレス帳から一致する氏名を探して表示したわけです。

ですからこれは単にiPhoneの便利な一機能として氏名が自動表示されただけです。しかし多くの人は、「攻撃者が自分の氏名を知っている！」「自分からメールが来た？」と、自分のメールアドレス・パスワードが盗まれたと勘違いして慌ててしまいます。きちんとした知識を持っていれば、このようなテクニックにも落ち着いて対応できます。詐欺師の手口を知っておくべき一例でしょう。

送信ドメイン認証：メールの差出人の認証

メールの差出人が簡単に偽装できることは、インターネット黎明期のいわば実証実験的な時代には、さして問題となりませんでした。しかし

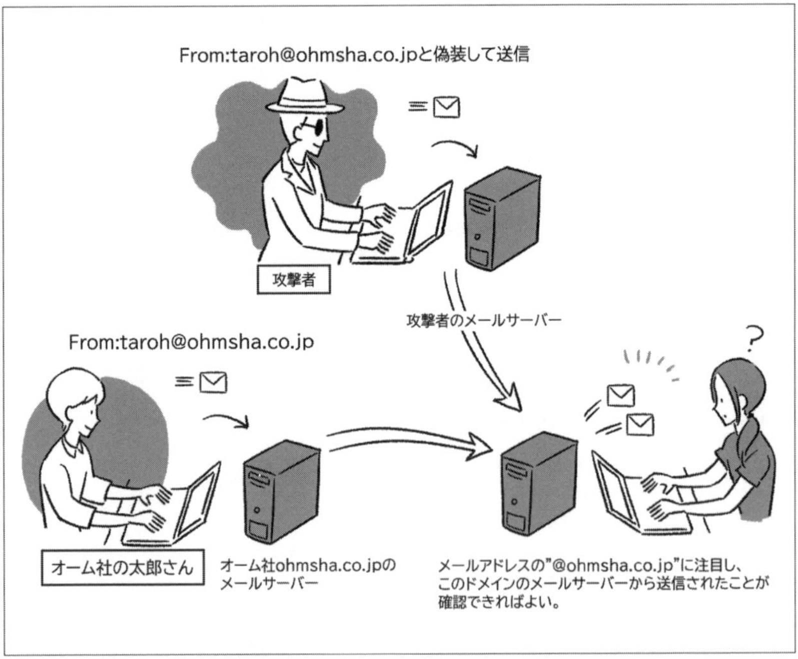

図7-8　送信ドメイン認証の考え方

今やインターネットは一般に暮らす人びとの生活と密接に結びついています。そのためショッピングサイトや銀行、政府や市町村などに誰もが簡単になりすませるのは問題です。メール差出人偽装への技術的な対策は既に提唱されており、少しずつ普及しています。

なりすまし対策の基本的な考え方としては、メールアドレスは@の後ろにその組織のドメインが付いていることに注目します。メールを受け取った側が、その組織のドメインに所属するメールサーバから送られたものであるということを、正しく認証できればなりすましを見破ることができます（図7-8）。

この送信ドメイン認証の技術によってなりすましを検知できるようになりますが、これらの実装はまだまだ完全には広まっておらず、メールの差出人が信頼できる社会は遠そうです。しかしフィッシングメールへの対策として有効な面があることは確かですから、これら送信ドメイン認証技術をここで簡単に紹介しておきましょう。

なお、これら送信ドメイン認証の技術は、メールサーバ技術者が専門的知識の設計のもとに設定するものです。そのため、しくみや設定内容も高度で複雑です。ですから、皆さんのようにメールを送受信するだけのユーザは、実はあまり知らなくても問題ありません。そのため本書では細かい設定方法など本質的でない部分は、かなりはしょっています。

例えば、今まで何気なく「メールの差出人」と書いてきましたが、実は細かく見るとメールには**エンベロープFrom**と**ヘッダーFrom**の2種類があります。しかし以下の送信ドメイン認証の説明では、高い視点で全体の概観をざっと掴むために、あえて細かい部分は省略しました。

ここで登場するのは、**SPF**、**DKIM**、**DMARC**という3つの技術です。たとえばGmailでは、「メッセージのソースを表示」メニューを選択すると、これらの認証結果が表示されます。

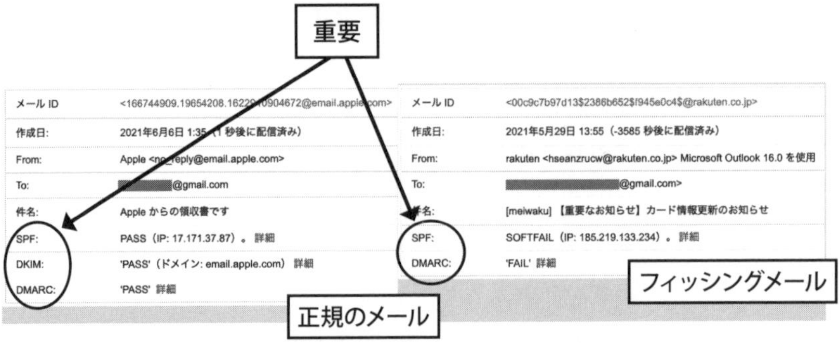

図 7-9　gmail の送信ドメイン認証表示例

■ SPF（Sender Policy Framework）

SPF は、自組織の DNS サーバに「その組織がメールを送信するメールサーバの IP アドレス」を羅列することで、正しい送信元から送信されているかを検知できる送信ドメイン認証の技術です。

しくみとしては単純で、DNS サーバに TXT というレコードを作り、そこにメールサーバの IP アドレスを書くだけです。以下の例では、首相官邸のドメイン `kantei.go.jp` に対して SPF レコードを確認しています。IP アドレスが並んでいることが見て取れるでしょう。ip4 という部分と、ip6 という部分です。それぞれに、IPv4 と IPv6 の IP アドレスが記載されています。

```
kantei.go.jp. 299 IN TXT "v=spf1
include:spf.securemx.jp +ip4:202.214.194.178
+ip4:202.214.216.50
+ip6:2001:0240:1e00:0f21::178
+ip6:2001:0240:1e00:1021::50 -all"
```

メールを受け取ったメールサーバは、差出人メールアドレスのドメイン部分から送信元の DNS を確認することで、そのメールが正しいドメインから来たのかそうでないのか、判断できます。

SPFは導入が簡単であり、効果も大きいため普及が進みつつあります。2020年5月にIIJが調査した「Internet Infrastructure Review（IIR）Vol.47（[1]）」レポートによると、日本の.jpドメインについて普及率は65.1%であったとのことです（前記「1.2.2 ドメイン名に対する調査結果」より引用）。

■ DKIM（DomainKeys Identified Mail）

DKIMは、SPFに比べるとかなり複雑なしくみとなっており、電子署名を利用した送信ドメイン認証の技術です。実際にDKIMの電子署名が付いたメールを以下に示します。これは筆者に届いた、正規のPayPal（paypal.com）からのメールです。

```
DKIM-Signature: v=1; a=rsa-sha256; d=paypal.com;
s=pp-dkim1; c=relaxed/relaxed; q=dns/txt; i=@
paypal.com; t=1622641244;
h=From:From:Subject:Date:To:MIME-Version:Content-
Type;
bh=QMh4y9SJ5oG00H+Nbe8V7pIbpV0ue09VwJr6Hfg3xzE=;
b=rvyUUsoI0RCsoHg0/8Ei9HZWR0JiS1 ... （省略） ...
7G/y/RFmjJLN3rN7s4onOMUP3c2RyJuQECmkvn3/dB9
k0rCI3I403dylQwZ5oIhAg==;
```

DKIMの署名を確認するには、ここから指定子s（ここではs=pp-dkim1）と、ドメインd（ここではd=paypal.com）を取り出し、_domainkeyというサブドメインに対してレコードを確認します。

[1] https://www.iij.ad.jp/dev/report/iir/047/01.html

```
pp-dkim1._domainkey.paypal.com.   299 IN   TXT
"v=DKIM1; k=rsa;
p=MIIBIjANBgkqhkiG9w0BAQEFAAOCAQ8AMIIBCgKCAQEA3EdI1
EOw/+ft6u ...（省略）...
1fFiU22TCuwEJydxKtTQl" "bLByfCf6vgEEsIL5Wpg8iDvo5wC
bDes ...（省略）...
is1fZQIDAQAB"
```

ここに署名に使うRSA鍵が格納されており、メールを受信したサーバは署名確認ができるようになっています。ここではこれ以上の細かい説明は省略しますが、SPFに比べてかなりややこしいことはおわかり頂けると思います。

DKIMは設定が難しく、また送信メールに電子署名を付けるなど処理も複雑です。SPFと合わせて設定することでなりすましメールに有効な対策となりますが、SPFほど普及はまだ進んでいません。

DMARC

SPF、DKIMのようなしくみは、仕様だけを策定しても実世界ではなかなか使われません。このようなSPFやDKIMの認証が失敗したときに、受信側のメールサーバはどのように振る舞うべきか、その指針まで示す必要があります。

このとき、どのような挙動をするかのポリシーを記述するのが**DMARC**です。これにより、各ドメイン管理者は受信側のメールサーバで送信ドメイン認証に失敗した際、どのように扱うかを求めることができます。ポリシーは、以下の3つのどれかを指定できます。

- そのメールを受け取り拒否（reject）する
- 隔離（quarantine）する：一般的には迷惑メールフォルダーに入る
- 何もしない（none）

「何もしない（none）」であってもレポートデータは取得できるため、ドメイン管理者にとってはどのくらいのなりすましメールが送られているかの分析データを取得するなど、無意味ではありません。一般的にはまずnoneでDMARCを導入し、レポートデータを見ながら、制限をnone → quarantine → rejectへと厳しくしていく手法がとられます。

■送信ドメイン認証でフィッシングメールはなくなるのか

送信ドメイン認証によりフィッシングメールを根絶できれば素晴らしいことですが、決して万能薬ではありません。ここに紹介した送信ドメイン認証は、あくまで「そのドメインから正しくメールが送られている」ことだけを保証して安全なのであり、そのドメイン自体が社会的・倫理的に安全なのかを示すものではありません。おや？ これはhttpsの話に似ていますね。

これはその通りです。例えば攻撃者が`ohmsha.co.jp`に非常に似たドメイン（`ohmsha-co.jp`、など）を取って正しく送信ドメイン認証を設定した場合、そのメールはきちんとSPF/DKIM/DMARCが"`pass`"（認証OK）の状態で届きます。受信したユーザは、`ohmsha.co.jp`とは違うドメインからのメールであるから、オーム社のフィッシングメールだ、ということに気が付けるでしょうか？

httpsの議論と同様、送信ドメイン認証も「相手のドメインを1文字も間違えずに正確に把握している」かつ、「1文字の違いも見落とさない」ということが大前提です。そのためフィッシングメールにこれだけで対策することはできません。

とは言え、送信ドメイン認証は強力な技術ですので、既に多くの迷惑メールフィルター等に使われています。将来的には、ショッピングサイトや銀行、クレジットカード会社など大手サイトの正規ドメインリストをどこかに整理しておき、そこにマッチするかを自動的に調べる、などの応用を行えば確実にフィッシングメールは減らせるでしょう。

7.4 メール／SMSの文面では見分けられない

フィッシングメールやフィッシングSMSの文章やデザインも、よくテレビなどで取り上げられ「そっくりだ」と驚かれたり、「間違い探し」をされます。しかしフィッシングサイトと同様に、その**見た目にこだわって判断するのはとても危険です。**

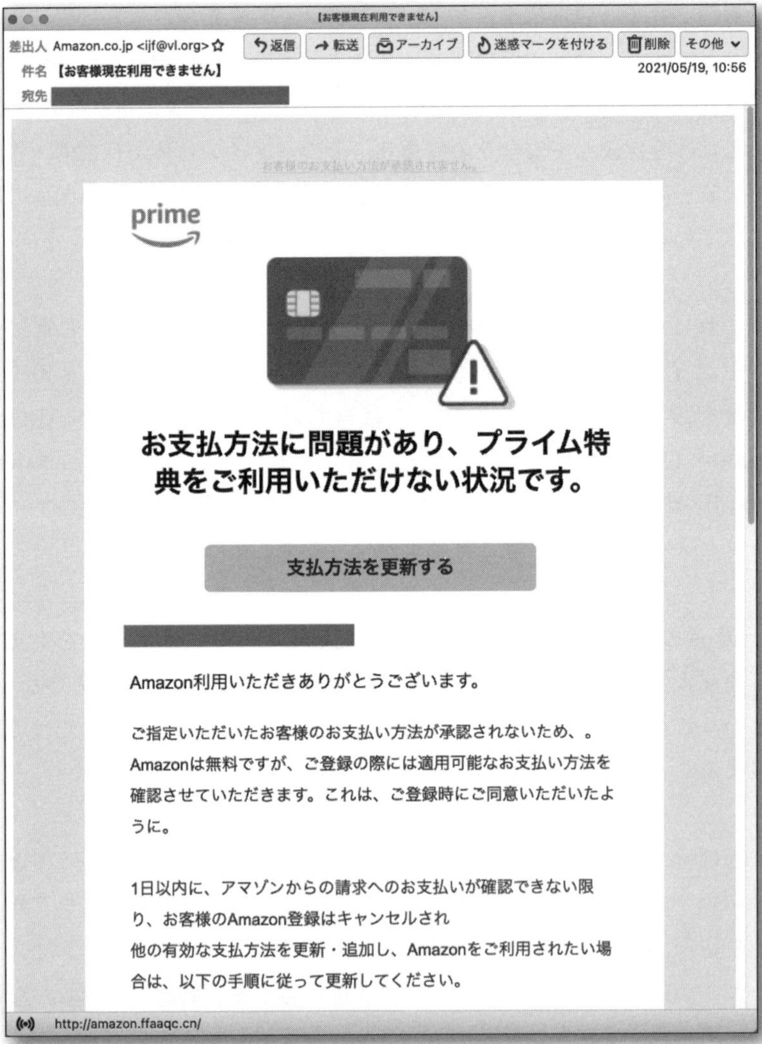

図 7-10　Amazon を詐称した不自然な日本語のフィッシングメール

図 7-10 は、筆者のもとに届いた Amazon のフィッシングメールです。このメールは確かに日本語が不自然で、「されないため､。」という誤字があったり、「これは、ご登録時にご同意いただいたように。」と機械翻訳のようになっていたりと、確かに違和感を覚えます。

では、このような「日本語の不自然さ」をフィッシングメールを見分ける手がかりとするべきでしょうか。続いて図 7-11 の、楽天銀行のフィッシングメールを見てみましょう。

このフィッシングメールは、おそらく正規の金融機関のメール文面を

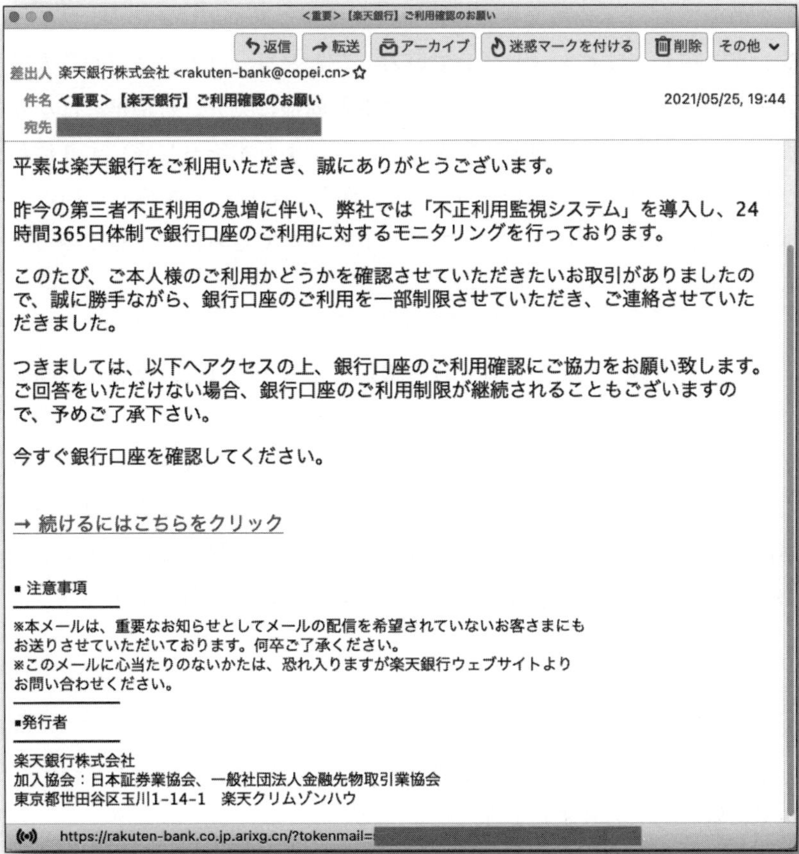

<重要>【楽天銀行】ご利用確認のお願い

返信　転送　アーカイブ　迷惑マークを付ける　削除　その他

差出人 楽天銀行株式会社 <rakuten-bank@copei.cn>

件名 <重要>【楽天銀行】ご利用確認のお願い　2021/05/25, 19:44

宛先 [redacted]

平素は楽天銀行をご利用いただき、誠にありがとうございます。

昨今の第三者不正利用の急増に伴い、弊社では「不正利用監視システム」を導入し、24時間365日体制で銀行口座のご利用に対するモニタリングを行っております。

このたび、ご本人様のご利用かどうかを確認させていただきたいお取引がありましたので、誠に勝手ながら、銀行口座のご利用を一部制限させていただき、ご連絡させていただきました。

つきましては、以下へアクセスの上、銀行口座のご利用確認にご協力をお願い致します。
ご回答をいただけない場合、銀行口座のご利用制限が継続されることもございますので、予めご了承下さい。

今すぐ銀行口座を確認してください。

→ 続けるにはこちらをクリック

■ 注意事項

※本メールは、重要なお知らせとしてメールの配信を希望されていないお客さまにも
お送りさせていただいております。何卒ご了承ください。
※このメールに心当たりのないかたは、恐れ入りますが楽天銀行ウェブサイトより
お問い合わせください。

■発行者

楽天銀行株式会社
加入協会：日本証券業協会、一般社団法人金融先物取引業協会
東京都世田谷区玉川1-14-1　楽天クリムゾンハウ

https://rakuten-bank.co.jp.arixg.cn/?tokenmail=[redacted]

図 7-11　見た目でフィッシングメールを見分けられるか？

切り貼りして作ったものでしょう。日本語として不自然なところはほとんどありません。間違い探しをして見分けようとしても、フィッシングメールの文面はこれからもどんどん洗練されていきますから、もはや見た目で判断することは不可能です。

一方フィッシングSMSでは、そもそもSMSはショートメッセージの名の通り、要件のみを完結に伝える文章になりがちです。そのためどの会社も同じような文章となり、攻撃者側がそれに似せた文章を作ることも簡単です。ですからフィッシングSMSも、見た目では判断できません。

この他にも、「本物のメールにはロゴ画像がこの位置にあるが、フィッシングメールではちょっとズレている」などと見分け方にこだわる人はいますが、それらもフィッシングサイトと同様に見分ける根拠にはなりません。攻撃者は常に調査研究をしており、より本物らしく、より信頼されるように努力をしています。「ここがおかしい」と指摘している日本人のTwitterを観察し、そのフィードバックでさらに修正しているかもしれません。

また、不自然な日本語を見分ける根拠とする主張は、攻撃者が外国人であるということを前提にしています。それでは日本語ネイティブな人が攻撃者側となったらどうでしょうか。あるいは、犯人グループがプロの日本語翻訳者を雇ったらどうでしょう。いずれも全く違和感のない日本語のフィッシングメールが作られるでしょう。攻撃者は日本語が不自由である、というその前提から間違っている可能性もあります。

人工知能と機械翻訳の性能向上

不自然な日本語という話に関連して、昨今の機械翻訳の向上について簡単に解説しておきましょう。

昨今、機械翻訳の精度は著しく向上しており、かなり自然な翻訳ができるようになっています。皆さんもGoogle翻訳などを使って、その正確さに驚いたことがあるのではないでしょうか。これは21世紀に期待されているIT技術であるAI（人工知能）、ディープラーニング（深層学習）の研究が進み、自然言語処理の技術に著しい進化があったためです。

人工知能に関する研究は、以下のように多くの応用範囲を持ちます。

・画像処理により、工場で不良品検出をおこなう
・自動車を自動運転させ、人による操縦をなくす
・長い小説から、あらすじを自動生成する
・ボードゲームを学習させ、人間よりも強い将棋・囲碁の棋士を作る（AlphaGo[2]）
・ふだんとは違ったデータの動きを検出する：クレジットカードの不正利用、サイバー攻撃などの検知

文章で書くだけでは分かりづらいため、人工知能の進歩を、とても簡単に実感できるWebサイトを紹介しましょう。

[2] https://deepmind.com/research/case-studies/alphago-the-story-so-far

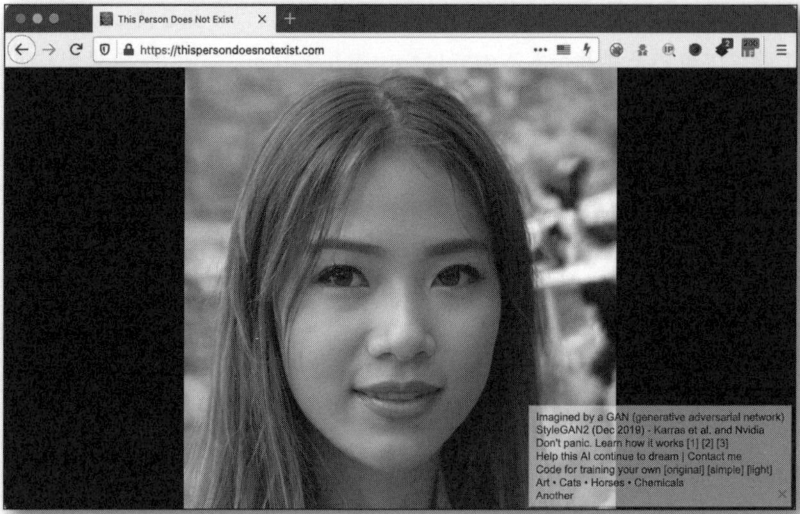

図7-12　人工知能で自動生成された「存在しない人」（[3] より引用）

写真の微笑を浮かべた女性は、どこの誰でしょうか。実はこの写真の女性は、この世に存在しません。これは人工知能の中でも機械学習モデルのGAN（Generative Adversarial Network）という手法を使って、さまざまな学習データを元に人工知能が自動生成した写真なのです。

そのためこのWebサイトは、「This Person Does Not Exist（この人物は存在しません）」という少ししゃれが利いた名前になっています。実際に皆さんもこのWebサイトにアクセスしてみてください。人工知能の進化を感じることができるでしょう。

筆者がこのWebサイトを初めて見たときは、しばらくのあいだこれ

---

[3] https://thispersondoesnotexist.com/

が架空の人物だとは信じられませんでした。機械学習と GAN の手法を学んでようやく納得しましたが、コンピュータの未来が少し恐ろしくなったことを思い出します。このような人工知能が犯罪に利用されるようになれば、とても強力な武器となるでしょう。残念ながら現代において、架空の人物像を作ってスパイ活動をおこなったりと、その危惧は現実のものとなっています。

人工知能は画像だけでなく、自然言語処理も得意です。どの IT 企業も人工知能分野に乗り遅れまいと必死ですから、機械翻訳サイトは大手 IT 企業がこぞって提供しています。図 7-13 は、Google、Microsoft そして中国の大手 IT 企業 Baidu（バイドゥ；百度）による翻訳サイトです。

図 7-13　Google 翻訳、Microsoft Bing 翻訳、Baidu 翻译の例

また 2017 年にドイツの会社がリリースしたサービス "DeepL" は、特に優れた翻訳技術を持つことで有名です。図 7-14 を見れば分かるように、DeepL の翻訳は他社を抜きん出て優れており、スラングや口語表現に対しても自然な翻訳を出力します。

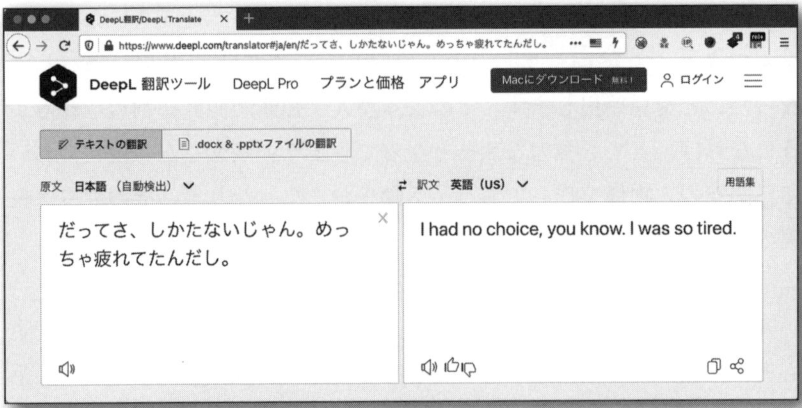

図7-14　DeepLの翻訳例（[4] より引用）

このような翻訳技術の向上が、フィッシングメール・フィッシングSMSで使われる自然な日本語文へ寄与していることは間違いないでしょう。しかし、Google翻訳を攻撃者が使っているのではないかという予想は以前からありましたが、本当かどうかを攻撃者に電話して聞くわけにもいきませんから、なかなか断定はできませんでした。

ところが筆者がいくつかのフィッシングサイトを調査していると、図7-15のようなフィッシングサイトを見つけました。これは消費者金融アイフルのフィッシングサイトです。

[4] https://www.deepl.com/

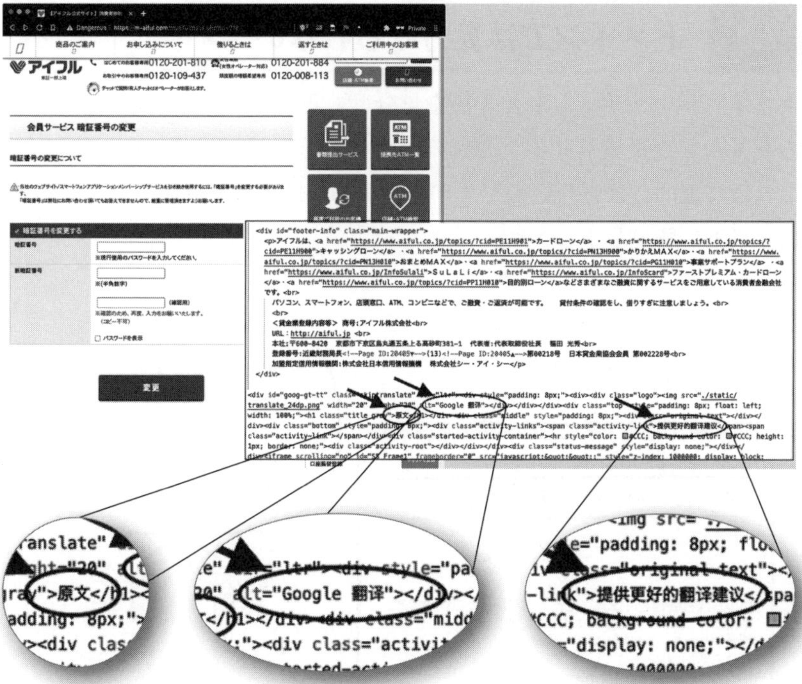

図 7-15　Google 翻訳の痕跡が残っていたフィッシングサイト

一見すると普通のフィッシングサイトですが、HTML ソースを確認すると、なんと Google 翻訳の Web サイトの断片が入っていました。これは攻撃者がフィッシングサイトを作っていた際に、Google 翻訳を使ってコピー＆ペーストをしており、その際に誤って Google 翻訳の Web サイトの文章もペーストしてしまったものでしょう。間接的にではありますが、フィッシングサイトの作成者が Google 翻訳を使っているひとつの証拠を見つけたのです。

7.5 ドメインでは見分けられない

フィッシングサイトかどうかを見分ける正攻法は、その Web サイトのドメインが正規ドメインのものかどうかを確認するということです。これは技術的には正しいのですが、現実的にはまず不可能です。その理由を以下に解説しましょう。

図 7-16　ドメインで見分けられる？

よく、「怪しいメールが来たら、リンク先のドメインが正しいかどうかを確認しましょう」と言われます。しかし、その「正しいドメイン」とはなんでしょうか。そもそも皆さんは、自分が使っている全てのサービスの全てのドメインを正確に暗記しているでしょうか？

- ヤフー(Yahoo)のドメインの、o(オー)は２つでしょうか３つでしょうか？
- オーム社のドメインは、ohmsha と ohmsya、どちらだったでしょうか？
- オーム社は .jp と .com のどちらだったでしょうか？

こうして考えていくと、フィッシングメールの「見分け方」としてドメインが正しいかどうかを確認することは、現実的にはまず無理であると分かるでしょう。自分が使っている全てのサービスの全てのドメインを、しかも 1 文字も間違えずに覚えていなくてはいけません。そしてこれまで紹介してきたように、フィッシングサイトは「まぎらわしいドメイン」を使ってきますから、ほんの 1 文字間違えてもアウトなのです。

実例を見てみましょう。図 7-17 は、**dnstwister** という**「似たドメイン」**を探してくれるサービスです。このサービスで yahoo という文字列を検索してみると、実にたくさんの似たドメインが見つかりました。

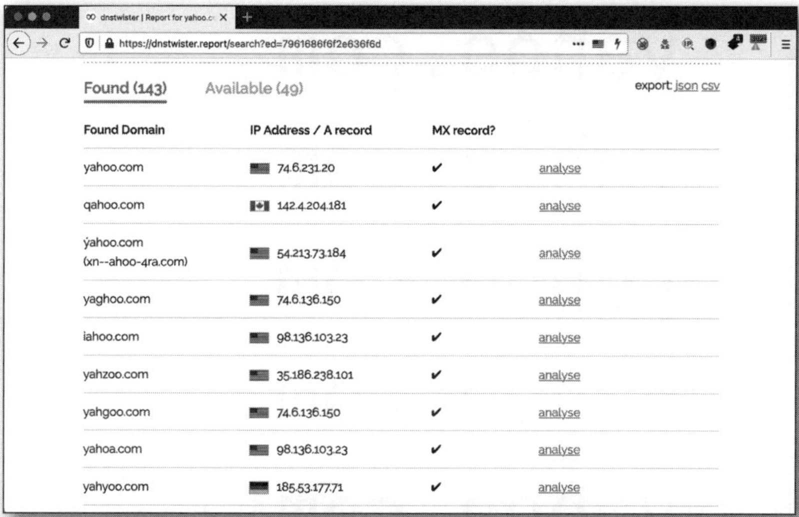

図 7-17　似たドメインを探すサービス dnstwister（[5] より引用）

[5] https://dnstwister.report/

ʏahoo.com

yah0o.com

www-yahoo.com

yahoos.com

yâhoo.com

yãhoo.com

yɑhoo.com

y1hoo.com

yaḥoo.com

ya.hoo.com

y2ahoo.com

図 7-18　yahoo.com と「似たドメイン」

特に最近はスマートフォンの小さな画面で Web サイトを利用する人も多いでしょう。スマートフォンの小さな画面で、皆さんは

・1（数字のイチ）と l（小文字のエル）
・0（数字のゼロ）と O（大文字のオー）

を 100%正確に見分けられるでしょうか？ さらには第 6 章で紹介したホモグラフ攻撃により、a の下に小さな点が付いているベトナム語の「ạ」を見逃すことはないでしょうか？ しかも、これも 1 文字でも間違えればアウトなのです。

さらには、第 6 章で紹介した「改ざん型のフィッシングサイト」の問題があります。めったにないことではありますが、Web サイトが改ざんされて「間借り」する形でそのドメインのフィッシングサイトが作られた場合には、技術的にも見分ける術はありません。

またこの他に視点を変えて、有名なドメインを隠れ蓑にするという手法があります。次に Google のドメインを隠れ蓑として悪用した例を見てみましょう。

7.6　有名なドメインでも見分けられない：Google フォーム

ドメインを確認すれば良い、と思っている人の心理を逆手に取ってよく使われるのが Google フォームを利用したフィッシングサイトです。

Google フォームは、本来はアンケートを簡単に集計するための Google のサービスです。図 7-19 のように、利用者は無料で簡単にアンケートフォームを作成できることから、小さなサークル団体から大企業まで、よく使われています。

しかし攻撃者は、インターネットで絶大な信頼を持つ google.com

ドメインに目をつけます。Google フォームの FQDN は docs.google.com であるため、いかにもログイン画面っぽいアンケートを作れば、簡

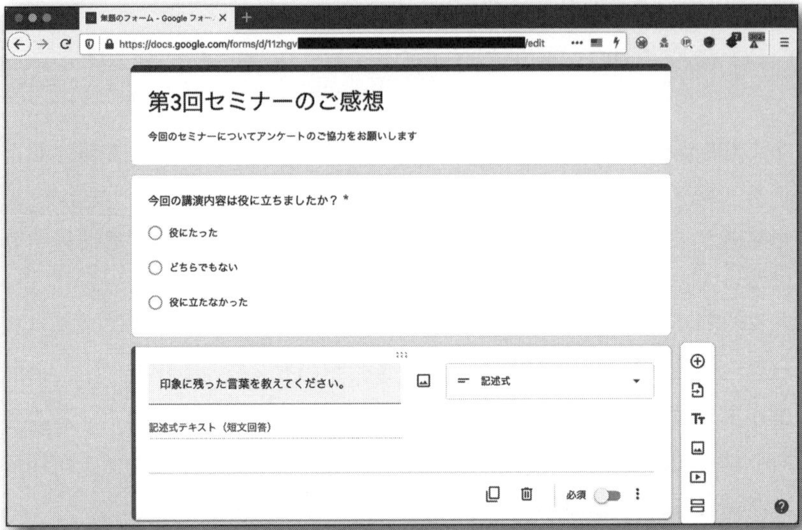

図 7-19　Google フォームでアンケートを作成している例

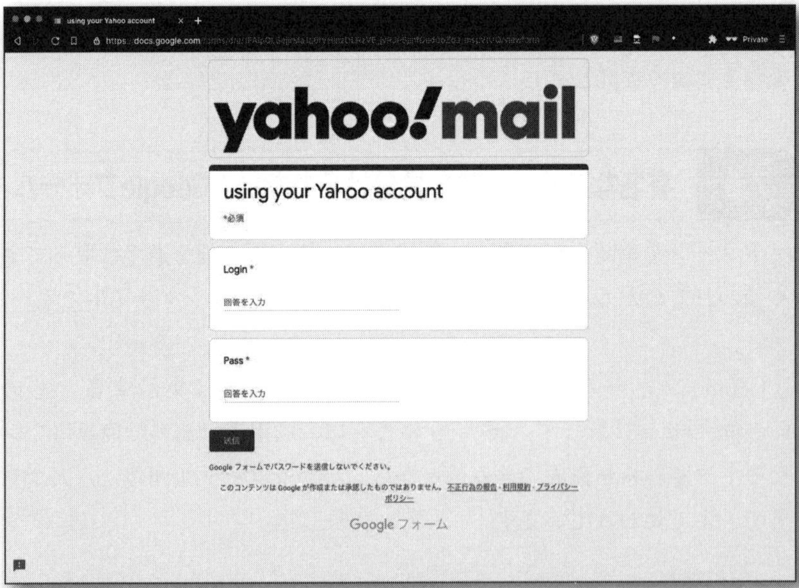

図 7-20　Google フォームで作られた Yahoo! のフィッシングサイト

単に google.com ドメインでフィッシングサイトが作成できます。

図 7-20 は、実際に Google フォームで作られていた Yahoo!（アメリカの Yahoo! のため、日本とちょっとロゴの形が違いますね）のフィッシングサイトです。いきなりこの画面を見た場合、誤って ID とパスワードを入力してしまう人もいることでしょう。もちろん、これは単純にロゴ画像をコピーしてきて、「Login」と「Pass」というアンケート項目を設定しただけです。

ドメインが google.com となっていれば、たとえその会社とは関係ないとは言え、「何かの Google のサービスを使っているのかな」と思って安心してしまう人もいるでしょう。それこそが攻撃者の狙うところです。こうして Google フォームを使ってログイン画面に似た画面を作り、ID パスワードを入力させるという手口はなかなかなくなりません。

他社システムを利用しているケース

先ほどの Google フォームの例のように、ある企業が Web サイトの一部を他社に委託している場合、そのドメインは他社のものとなることが多くあります。特に、IT 専門企業でもなければ社員自らが自社 Web サイトを運用するのは大変であるため、一部を外部に委託するのはしかたがない面でもあります。

しかしこのような現実は、「ドメインでフィッシングサイトを見分ける」正攻法をさらに難しいものにします。例えば以下の Web サイトは、京都銀行の正規のインターネットバンキング画面です。

正規サイトのドメインは kyotobank.co.jp だったものが、インターネットバンキングでは突然 anser.ne.jp というドメインに変わりました。このドメインは何でしょうか。

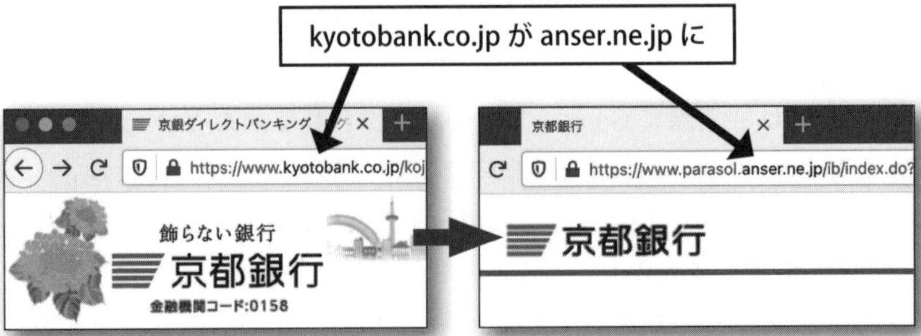

図 7-21　公式 Web サイトとインターネットバンキングでドメインが異なる
（京都銀行の Web サイト［6］より引用）

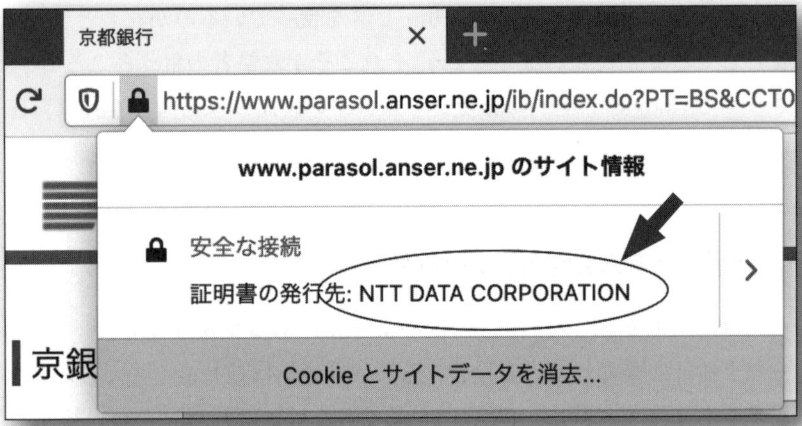

図 7-22　インターネットバンキングのドメインを確認しても
（京都銀行の Web サイト［6］より引用）

［6］ https://www.kyotobank.co.jp/

実は anser.ne.jp は、銀行システム構築を得意とする NTT データ株式会社が所有する、ANSER システムのドメインです。京都銀行は NTT データが構築したシステムを利用しているため、このようにインターネットバンキング部分だけドメインが変わるわけです。

なお、たとえ他社システムを使っていても、自社ドメインのドメイン名を他社へ貸して設定すれば、自社ドメインで他社システムを動かすことはできます。そのためこのような不一致は技術的には解決可能ですが、現実として色々と内部事情や内部調整が難しいのでしょうか、多くの Web サイトが決済処理・アンケートフォームなどでサービス会社の他社ドメインをそのまま使っています。

このため、たとえ自分が使っている全てのサービスの全てのドメインを覚えている人がいたとしても、それが正規サイトかどうかはやはり見た目では判断できません。

7.7　2 要素認証でもフィッシングサイトでは被害を受ける

第 6 章で、中間者攻撃により 2 要素認証を突破するフィッシングサイトの例を紹介しました。もう一度復習しておくと、これはフィッシングサイトに「中の人」がおり、本物の Web サイトへの通信を横取りする中間者攻撃をおこなうものでした。

一般的な銀行のインターネットバンキングでは、ID・パスワードでログインするだけで、預金残高の確認などはできます。そして振込みなどの送金時に、2 要素認証のワンタイムパスワードを改めて要求するというのが基本的なつくりです。セキュリティリスクを考えれば、残高を確認したいだけなのに毎回ワンタイムパスワードを入れるのは大変ですが、送金では金銭被害が発生しますからセキュリティ強度を上げるべきです。そのため妥当な設計と言えます。

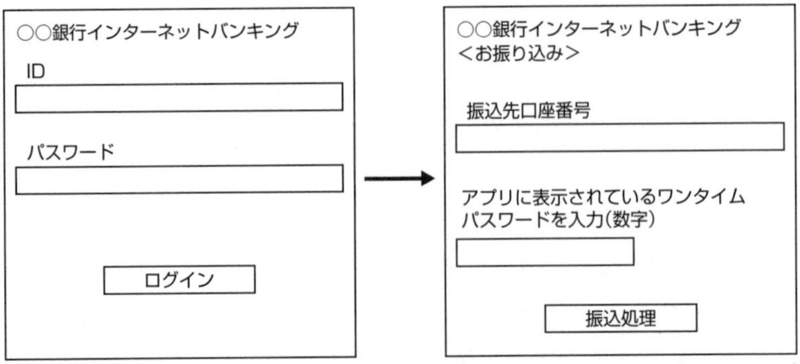

図 7-23　多くの銀行では、送金時に 2 要素認証を要求する

このような 2 要素認証の銀行をターゲットとしたフィッシング詐欺は、次のように行われます。

1. 攻撃者はフィッシングサイトを用意しておき、自分も銀行の公式サイトのログイン画面を開いて被害者を待ちます。

2. 被害者がフィッシングメールで誘導され、ID とパスワードをフィッシングサイトに入れてしまったら、攻撃者もすぐにその ID とパスワードで公式サイトにログインします。そして、自分の銀行口座への振り込み画面へと進めておきます。

3. 続いてフィッシングサイトの画面を、「口座ロックを解除するために必要だ」などとそれらしい文句を付けて、ワンタイムパスワードを入力させる画面に遷移させます。被害者が入れたワンタイムパスワードを、そのまま攻撃者が中継して入力します。

こうして、2 要素認証を使っていても、不正送金が可能となります。

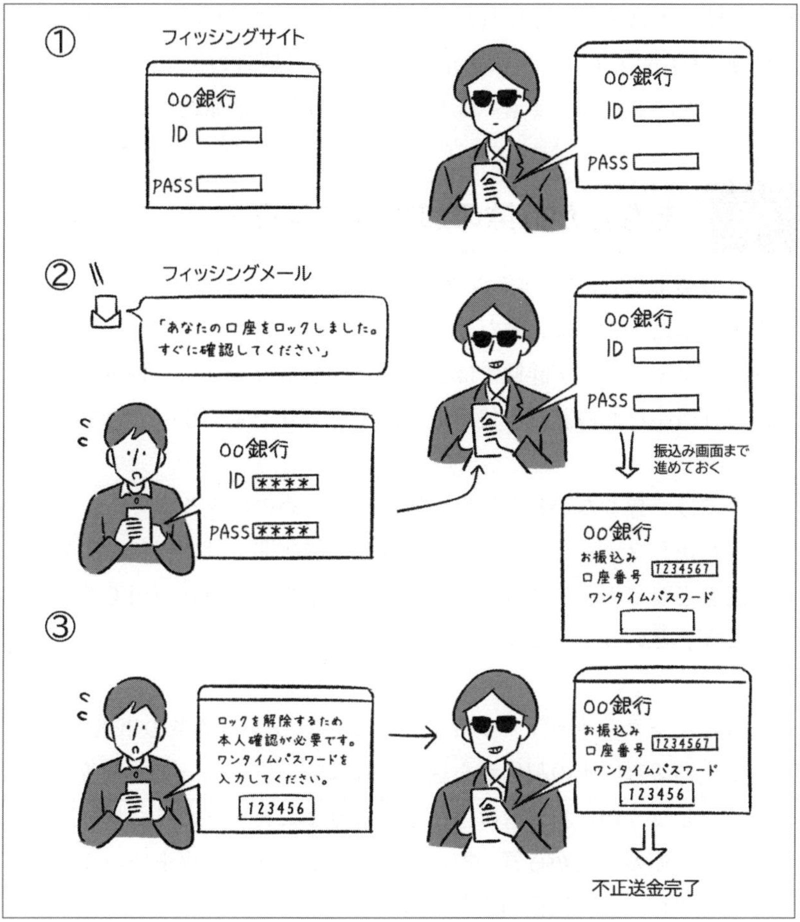

図 7-24　インターネットバンキングの 2 要素認証を突破して不正送金

ワンタイムパスワードの他に、乱数表と呼ばれるカードを用意してその指定されたマスの番号を入力させる銀行もあります。しかしこれも基本的なしくみは一緒ですから、フィッシングサイトも同じように作れます。ここでは中の人が手動で中間者攻撃をしているように図示しましたが、通信を媒介するプログラムを作ることで自動化することも可能です。

このような中間者攻撃は、理論的にできることは言えますが、現実に起きているのでしょうか？　その答えは Yes です。このようなフィッシングサイトは大変多く作られており、実際に多額の被害が出ています。特に 2019 年度後半には、第１章で見たように銀行の不正送金が多数発生しました。これは２要素認証を突破する攻撃が活発化したためです。

7.8 あなたが詐欺の加害者になる？

本書の第１章で、フィッシング詐欺のことを「ネット版オレオレ詐欺」と書きました。これは比喩だけでなく、実際に銀行口座を狙ったオレオレ詐欺とフィッシング詐欺では手口の一部が重なるため、犯罪者にとっては銀行口座などの詐欺に使う道具が手に入りやすくなっています。

本書では、皆さんが犯罪被害に遭わないための話をここまでしてきました。しかしフィッシング詐欺のような金融犯罪では、皆さんに全く逆の注意も必要です。それは、「知識がないと、皆さん自身が加害者になってしまう」ということです。

先ほどインターネットバンキングのフィッシング詐欺の事例で、「不正送金先の銀行口座の契約者を逮捕すればいい」と思った方も多いのではないでしょうか。犯罪者は当然そのようなことを考えており、送金先の口座は、赤の他人から買い取った他人名義の銀行口座を使います。このような銀行口座は**架空口座**と呼ばれています。

それでは、その架空口座から実際に ATM で現金を引き出すところを防犯カメラなどで押さえ、なんとか逮捕できないでしょうか。当然ここも犯罪者は対策しており、お金を引き出すだけの人をアルバイトとして雇います。このような不正送金の引き出し役のことを**出し子**と呼びます。

フィッシング詐欺もオレオレ詐欺も、盗んだお金の移動先と、ATM から実際にお金を引き出す、「架空口座」と「出し子」が必要です。しかしこのような口座やアルバイトは、アルバイト誌などで堂々と求人するわけにもいきません。どのように手配しているのでしょうか。

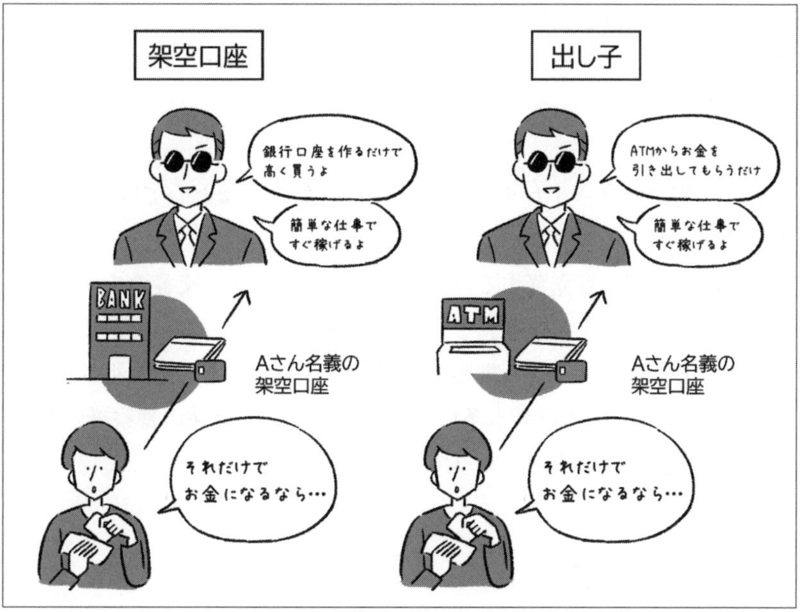

図 7-25　架空口座、出し子

実は、このようなオレオレ詐欺などの金融犯罪に使われる架空口座の主な供給元や、実際にお金を引き出す実行役は、高校生・大学生や 20 代の若者が意外に多いのです。これは犯罪に対する知識があまりなく、お金にも困っている若者が狙いやすいという事情もあるでしょう。詐欺師はそこを狙って、口コミグループを作って声をかけて来ます。一昔前は先輩からの紹介など口コミが主流でしたが、最近は Twitter などの SNS で「裏バイト」や「高収入バイト」と称して募集している例もあり、警察が目を光らせています。もし皆さんが、「簡単に稼げるバイトがあるよ」「短時間で高収入！」などと声をかけられても、絶対に近づいてはいけません。そこには金融犯罪が待っています。

そのようなケースでは、皆さんは**トカゲのしっぽ**として使われます。銀行口座を開設して売り渡してしまう、あるいは指定された通りに銀行の ATM からお金を引き出す……確かに言われた通りにすれば、あなたは 1 円も使わずにバイト代をもらうことができます。しかし、その後は悲惨です。売り渡した銀行口座は犯罪に使われ、またお金を引き出した際の写真は防犯カメラに映っており、あなたは共犯として逮捕されることになります。

多くの警察では、オレオレ詐欺の防犯活動の一環として図7-26のようなパンフレットを交番や役所などで配布しています。銀行口座は、たとえ悪用されずとも売買するだけで犯罪になります。交番のチラシなどはなかなか読まれず敬遠されますが、毎日を犯罪者と戦って過ごしている警察の出す情報はとても重要です。最近はWebサイトで防犯ポスターをPDFで配っている県警も多いため、お住まいの地域の警察署のWebサイトに、一度は目を通してみてください。

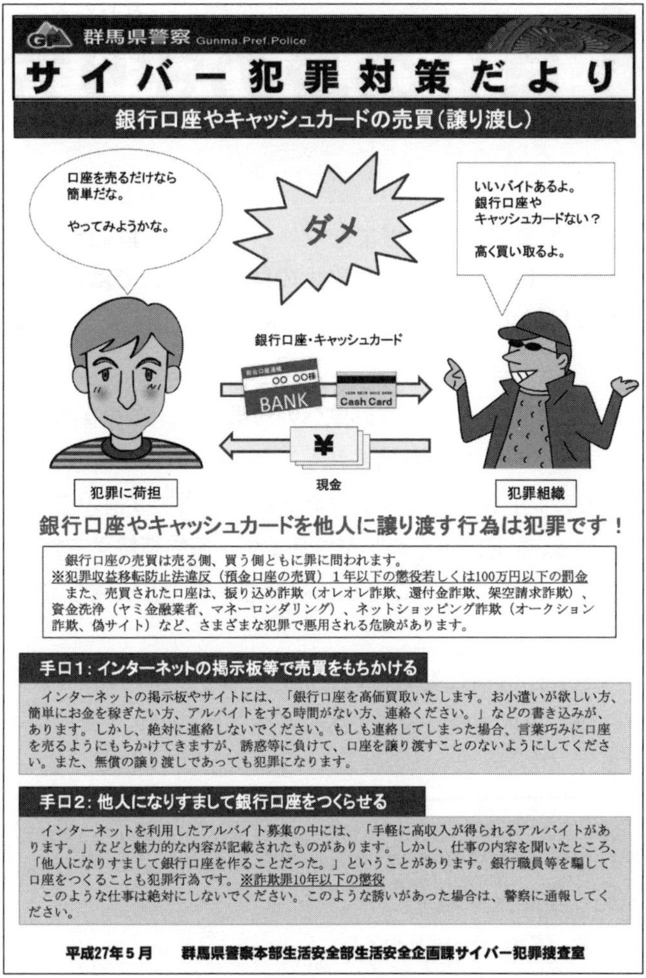

銀行口座やキャッシュカードを他人に譲り渡す行為は犯罪です！

銀行口座の売買は売る側、買う側ともに罪に問われます。
※犯罪収益移転防止法違反（預金口座の売買）１年以下の懲役若しくは100万円以下の罰金
また、売買された口座は、振り込め詐欺（オレオレ詐欺、還付金詐欺、架空請求詐欺）、資金洗浄（ヤミ金融業者、マネーロンダリング）、ネットショッピング詐欺（オークション詐欺、偽サイト）など、さまざまな犯罪で悪用される危険があります。

手口1：インターネットの掲示板等で売買をもちかける

インターネットの掲示板やサイトには、「銀行口座を高価買取いたします。お小遣いが欲しい方、簡単にお金を稼ぎたい方、アルバイトをする時間がない方、連絡ください。」などの書き込みが、あります。しかし、絶対に連絡しないでください。もしも連絡してしまった場合、言葉巧みに口座を売るようにもちかけてきますが、誘惑等に負けて、口座を譲り渡すことのないようにしてください。また、無償の譲り渡しであっても犯罪になります。

手口2：他人になりすまして銀行口座をつくらせる

インターネットを利用したアルバイト募集の中には、「手軽に高収入が得られるアルバイトがあります。」などと魅力的な内容が記載されたものがあります。しかし、仕事の内容を聞いたところ、「他人になりすまして銀行口座を作ることだった。」ということがあります。銀行職員等を騙して口座をつくることも犯罪行為です。※詐欺罪10年以下の懲役
このような仕事は絶対にしないでください。このような誘いがあった場合は、警察に通報してください。

平成27年５月　　群馬県警察本部生活安全部生活安全企画課サイバー犯罪捜査室

図 7-26　警察による防犯活動
（群馬県警「サイバー犯罪対策だより」[7] より引用）

[7] https://www.police.pref.gunma.jp/seianbu/01seiki/haiteku/data/cyber_4.pdf

第8章 自分の身の守り方

これまでの章で、さまざまなフィッシング詐欺の手口を紹介してきました。しかし皆さんの最大の関心事は、では、どうやって対策すればいいのか？ではないでしょうか。

本章では、この**フィッシング詐欺への対策**部分に焦点を当てて解説します。もっとも、読んでみればどれも当たり前のことで、新鮮味がないかもしれません。しかしフィッシング詐欺は、当たり前のことをきちんとやっていれば、確実に防ぐことができます。頭で理解するだけでなく、実際に手を動かして、ひとつひとつの対策をきちんと実施してください。

ちなみに筆者が以前に勤めていた会社には、ABCという標語がありました。今でも時折、良い標語であったなと思い出します。以下のようなものです。

・A：あたりまえ（Atarimae）のことを
・B：バカ（Baka）にせずに
・C：ちゃん（Chanto）とやる

これでフィッシング詐欺は防げます。テレビ番組などで紹介される、**変に奇をてらった「裏ワザ」やら「テクニック」やらには飛びつかないでください**。それよりも原理原則です。インターネットのセキュリティの基本を、しっかりと押さえましょう。

8.1 大原則：フィッシングサイトを見分けようとしない

フィッシング詐欺への対策で最も重要なのは、そのメールやWebサイトがフィッシング詐欺かどうかを見分けようとしないことです。これまで述べた通り、現在のフィッシングメール・フィッシングSMSやフィッシングサイトはどんどん高機能化しており、知識を持っている人ですらだまされるレベルに達しています。

ですが、逆にフィッシング詐欺への対策はとても簡単です。それは**フィッシング詐欺を見分けるのはあきらめて、リンクを押さない**ということです。

図 8-1　フィッシング詐欺を見分けるのは諦めよう！

これらのたくさんのメールは、本当に緊急のお知らせかもしれません。でもフィッシング詐欺かもしれません。さて、どうしましょうか？

ここで一度立ち止まって、よく考えてください。皆さんの目的は、この公式サイトへアクセスすることです。そこでこの公式Webサイトへ、ブラウザのブックマークやスマートフォンの公式アプリでアクセスします。メール／SMSに記載されたリンクは押しません。

たったこれだけで、確実にフィッシング詐欺の被害に遭うことを防ぐことができます。1円もかかりませんし、ウイルス対策ソフトなども入れる必要はありません。明日から、いえ、今すぐにでも始めることができる対策です。そんなことで良いのか、と皆さんは怪訝に思うかもしれません。しかし現在のインターネットにおいてこれほど効果が確実で、しかもコストがかからない対策はありません。筆者もセキュリティ専門家との間で議論したことがありますが、やはり**全員の共通見解は「見分けようとしない」**でした。

そのため、「フィッシング詐欺を見分けようとしない」ことは非常に優れた選択です。皆さんの目的は、「正しい公式Webサイトにアクセスする」であることに繰り返し注意してください。「フィッシング詐欺を見分ける」のは、その手段のひとつであり、目的ではありません。

手段と目的を取り違えないでください。目的（正しいWebサイトへのアクセス）が達成できるならば、難しい手段（フィッシングサイトを見分けようとする）は、はじめから捨ててしまいましょう。

なお、もしどうしてもメール／SMSのリンクを押さなくてはならない場合には、まず徹底的に心当たりの有無を考えてください。たとえばWebサイトにおいて新規会員登録した際は、メールアドレス確認のためのリンク付きのメールが送られてくるのが普通です。そのような心当たりもなければ、相手のお客様センターなど問い合わせ先の電話番号を電話帳などで調べ、確認するのが良いでしょう。

もう一度：フィッシング詐欺とはただの詐欺

ではここで、ちょっとした例を考えてみましょう。ある日、あなたの持つスマートフォンに留守番電話が入っていました。それは、「○○銀行のものですが、あなたの口座についてご連絡があります。090-1234-XXXX へお電話を頂けますか」というものでした。その電話番号を電話帳やインターネットで調べても、外部に公開していない電話番号なのでしょうか、何も見つかりません。この状態では、相手が詐欺師なのか本物の銀行員なのか分からない状態です。

ここで皆さんならどうするか、少し考えてみてください。あなたは留守番電話のメッセージに残された、安全なのかどうか分からない電話番号に電話して、自分の銀行口座の処理を進めるでしょうか？

多くの人は慎重な行動を取ります。その銀行の電話番号を電話帳で調べるなり、あるいは直接窓口に行くなりして、その「ご連絡」の内容を直接銀行で聞けばいいのです。もし留守番電話が本当に銀行からのものならばそこで処理できますし、詐欺師だったならば窓口の人が詐欺だと教えてくれるでしょう。

図 8-2　フィッシング詐欺は、ネット版オレオレ詐欺

フィッシング詐欺への対策も、全く同じことです。詐欺師が送りつけてきたよく分からないリンクを、頑張って見分けようとする必要はありません。そもそも前章で紹介した通り、正確に見分けるのは不可能なのです。素直にブックマークやアプリから公式サイトに行きましょう。

第1章で解説しましたが、フィッシング詐欺というと何か特別なものと捉えて、対策にも高度なインターネットへの知識が必要だと思いがちです。しかし、そんなことはありません。一般的な詐欺と全く同じ対応をすればいいのです。「○○警察署からの連絡です」というよく分からない連絡が来たら、それが電話だろうがフィッシングメールだろうが、○○警察署に直接聞いてみればいい。それと同じです。

繰り返しになりますが、フィッシング詐欺を何か特別なものと思わないでください。対策も、**IT知識やインターネットの専門知識は不要**です。**皆さんがふだんの生活で詐欺に遭わないように気を付けていることを、インターネットでも気を付ければいいだけ**です。

フィッシング詐欺と似た郵便はがきの詐欺

ここで、実際にフィッシング詐欺と似ている現実の詐欺の事例を紹介しましょう。図8-3は法務省からの裁判の連絡と見せかけて、郵便はがきを送りつける詐欺の手口です。

消費料金に関する訴訟最終告知のお知らせ

訴訟管理番号（そ）２１９

この度、貴方の利用されておりました契約会社、もしくは運営会社側から契約不履行による民事訴訟として、訴状が提出されました事を改めてご通知致しますとともに、訴訟取り下げ最終期日を経て裁判を開始させて頂きます。
また、このままご連絡なき場合は、原告側の主張が全面的に受理されまして裁判所の許可を受けて執行官立会いのもと、現預金や有価証券及び、動産や不動産物の差し押えを強制的に執行させて頂きます。
尚、訴訟取り下げなどのご相談につきましては当局にて承っておりますので、下記までお問い合わせ下さい。
この度は、民事訴訟に関するご通達となりまして、個人情報の保護や守秘義務などが御座いますので、ご本人様からご連絡頂きます様お願い致します。

訴訟取り下げ最終期日　平成３０年　１１月２９日

取り下げ等のお問い合わせ相談窓口

０３－６８１２－[redacted]

受付営業時間（日、祝日は除く）

平日　9：00～20：00 ／ 土曜日　11：00～17：00

法務省管轄支局　国民訴訟お客様管理センター
〒100-8977　東京都千代田区霞が関１丁目１番地１０号

図 8-3　法務省を騙った詐欺はがきの例（法務省 Web ページ [1] より引用）

[1] http://www.moj.go.jp/hisho/kouhou/hisho06_00434.html

受け取った人がだまされてしまい、この郵便はがきに書かれた電話番号へ電話をすると詐欺の始まりです。詐欺師は電話で言葉巧みに誘導し、弁護士等の紹介費用と称して、プリペイドカード等を利用させて金銭をだまし取る手口が報告されています。

このような詐欺に対して、たとえば東京都目黒区は、以下のような注意喚起をしています [2]。

> 封書・はがきに書かれている電話番号等には「絶対に連絡しない」ようにし、「相手にしない」ことが大切です。

本書をここまで読んだ皆さんなら、「似ている」と思うでしょう。そうです、フィッシング詐欺も現実の詐欺も、根っこは同じです。相手を言葉巧みに誘導して自分の思う通りに動かし、お金をだまし取る。それだけです。

ですからフィッシング詐欺の対策は、このような郵便はがきによる詐欺への対策と同じです。「メール・SMS に書かれている URL は絶対に押さないようにして、相手にしない」ことが大切です。メールに書かれている URL にアクセスするというのは、詐欺師が送りつけた郵便はがきに書かれた詐欺師本人の電話番号に、わざわざ自分から電話するようなものです。

---

[2] https://www.city.meguro.tokyo.jp/smph/kurashi/jitensha_shohi/shohiseikatsu/sodan/kakuseikyu_hagaki.html

8.2　ブックマークと公式アプリ：ふだんの生活からの準備

フィッシング詐欺への対策として、Webブラウザのブックマークはとても重要です。皆さんは、ふだん使っているPCやスマートフォンのWebブラウザに、銀行などの、生活に大事なWebサイトのブックマーク（お気に入り）をきちんと登録していますか。

図8-4　ブラウザのブックマークに銀行などを登録しておく

ブックマークは、PCでもスマートフォンでも、ほんの僅かな操作で作ることができます。そうして作ったブックマークが詐欺への完全な対抗策となるのです。ぜひここで本書を読む手を休めて、自分の使っている銀行やクレジットカード会社など金融機関のWebサイト、よく買い物をするショッピングサイト、そしてメールやSNSなどよく使うWebサイトは必ずブックマークしておきましょう。あなたの大切な財産や個人情報は、あなた自身で守る必要があります。そのための対策です。

また、最近は多くの金融機関やWebサイトが公式アプリを提供しています。特にインターネットは主にスマートフォンで使うという人は、この公式アプリを必ず入れておきましょう。ふだんから便利に使えますし、怪しいメールやSMSが届いたときに、公式サイトへと確実に接続できる命綱となります。

図 8-5　金融機関の公式アプリを入れておこう

面倒くさいな、と思う人もいるかもしれません。しかし皆さんは、自分の銀行口座の預金通帳やカード・印鑑を、そこらに放っておいたりはしないでしょう。泥棒に盗まれないように、家のちょっと奥まったところに隠している人も多いと思います。

このように、盗まれると生活に支障を来すような自分の財産は、それなりの対策をしておくことを当たり前としておかねばなりません。それは現実世界でもスマートフォンでも同じことです。そうしなければ、**詐欺師の思うつぼ**になってしまいます。

特にクレジットカードは、フィッシング詐欺に限らず不正利用の温床です。そのため各カード会社や警察などから、「クレジットカードの利

図 8-6　金融機関の公式アプリは手軽かつ強力な防御策

用明細を定期的に確認しましょう」とはよく言われることです。

しかし最近は紙の郵送による利用明細を廃止している会社が多く、インターネット上で確認することが一般的です。そのため、わざわざカード会社の Web サイトまで行ってログインして……と定期的におこなうのはなかなか面倒なもので、どうしてもおろそかになりがちです。

クレジットカード会社の公式アプリを入れておけば、利用明細は手軽にチェックできます。それこそ、ものの 1 分もあれば十分でしょう。夜寝る前など、決まった時間にクレジットカードの利用明細をチェックしておくクセを付けておくことは良い習慣です。このためにも、金融機関の公式アプリは強力な防御策となります。

2 要素認証の設定

第 6 章で、2 要素認証に対応したフィッシングサイトを紹介しました。そのため 2 要素認証はフィッシング詐欺への完全な対策とは言えませんが、それでも大きくリスクを減らすことができます。セキュリティは 1 か 0 かで考えるのではなく、リスクを減らして 0 に近づけていく積み重ねが大切ですから、是非とも 2 要素認証の設定をしてください。

実際、2 要素認証に対応していないフィッシングサイトも非常に多いため、被害に遭う確率を減らせます。この場合、たとえ誤ってフィッシングサイトに本物の ID とパスワードを入力してしまっても、攻撃者はログインできません。

図 8-7　2 要素認証を設定しておけば、フィッシングサイトに引っかかっても攻撃者はログインできない

昨今のサービスでは 2 要素認証に対応しているものが多いため、サービスが 2 要素認証を提供している場合は必ず設定しましょう。2 要素認

証は、**パスワードリスト攻撃**（「よく設定されるパスワード」のリストを使って、多数のログイン試行を繰り返す攻撃）など多くの攻撃にも強い効果があるため、非常に有効なセキュリティ対策です。

複数のメールアドレスを使い分ける

多くのインターネットサービスやアプリでは、メールアドレスをアカウントとします。このようなサービスやアプリに登録するとき、皆さんはふだん一番よく使っているメールアドレスで登録することでしょう。

しかしそのようなサービスやアプリの中には、セキュリティレベルが低く情報漏えいを引き起こす会社のものがあるかもしれません。あるいは、最初から悪意を持っており、個人情報の収集をするために登録させるサービスやアプリも、残念ながらインターネットには存在します。このような脅威への対策のひとつとして、**複数のメールアドレスを使い分ける**ことが挙げられます。

例えば、いつも使っているSNSやゲームに登録するメールアドレスと、銀行やクレジットカード会社のサービスなど金銭に関わるメールアドレスは、別のものを使った方が良いでしょう。後者の金銭に関わるメー

図8-8　重要なメールアドレスを用意する

ルアドレスは特に重要なものとして管理し、むやみやたらとインターネット上のSNSやゲーム、ショッピングやアンケートなどに利用しないようにします。

実際、ニュースや新聞などで、情報漏えい事件の話題を見ることは非常に多くなっています。そのため、いくつものサービスに登録すれば、「情報漏えいは、起きるものであり、防げない」という前提がもはや必要です。「重要サービス用メールアドレス」の方には、銀行など必要最小限のサービスしか登録しないようにしましょう。こうすることで、個人情報漏えい発生時に被害のリスクを小さくできます。また、その「重要サービス用メールアドレス」にはほとんどサービスを登録していないため、ショッピングサイトなどのフィッシングメールが来ても、そもそも登録していないため偽物だとすぐ分かる効果もあります。

ただし、あまりにメールアドレスを細かく分けすぎると、今度はそれぞれの管理がおろそかになりがちです。そのため、「ふだんの生活用」と「重要サービス用（銀行などお金が関わるもの）」の、2個程度にしておくことがお勧めです。

8.3 詐欺事例の最新ニュースをチェック

フィッシング詐欺は警察をはじめ、銀行などの金融機関、IT企業など多くの場所で注意喚起がされています。基本的に「何かしらのメッセージを送って、偽物のWebサイトに誘導する」という手口は変わりませんが、その折々に社会的な時事ネタや、ちょっと変わったメッセージでこちらの隙を突いてこようとします。そのため、新しく出現した手口を先んじて知っておくことは有効な対策です。

たとえば新型コロナウイルスの騒動の際には、マスクの販売サイトという非常にマイナーなWebサイトのフィッシングサイトが作られました（図8-9）。

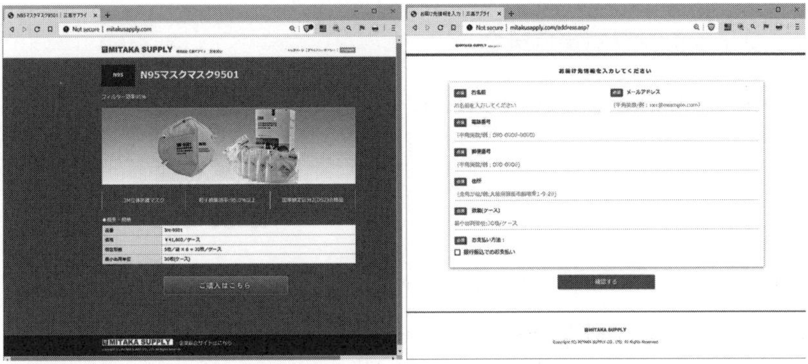

図 8-9　マスク不足の際にあらわれたマスク販売のフィッシングサイト

この他にも、新型コロナウイルスのワクチン予約が始まると、今度はワクチン予約のフィッシングメールが出回る……という状態です。このように犯罪者は流行に非常に敏感で、日本人をだますことにかけて熱心に研究しています。このような攻撃者の情報を、皆さんはどうやって知ることができるでしょうか。

そこで、日本のサイバーセキュリティ関連の組織で、フィッシング詐欺の注意喚起をおこなっているところをいくつか紹介しましょう。Twitter や Facebook などの SNS アカウントがある組織も多いため、フォローしておいて、注意喚起が定期的に目に入るようにしておくと良いでしょう。

フィッシング対策協議会

https://www.antiphishing.jp/

日本でのフィッシング詐欺対策について、長い歴史を持つ代表的な組織が**フィッシング対策協議会**です。各種フィッシング詐欺に関する最新の事例・ニュースや、月次報告書、年次のフィッシングレポートなどを発行しています。本書でも、多くのデータを引用させて頂きました。

日本でのフィッシング詐欺の動向を把握する上で、まずはチェックしておくべき組織でしょう。Twitter アカウント @antiphishing_jp もあるため、フォローしておくことをお勧めします。

JC3（Japan Cybercrime Control Center; 日本サイバー犯罪対策センター）

https://www.jc3.or.jp/

フィッシング対策組織の中でも、警察庁の所管となっているのが**日本サイバー犯罪対策センター、通称 JC3** です。警察組織ということから、セキュリティという切り口よりは、サイバー犯罪という切り口で国民への注意喚起をおこなっています。

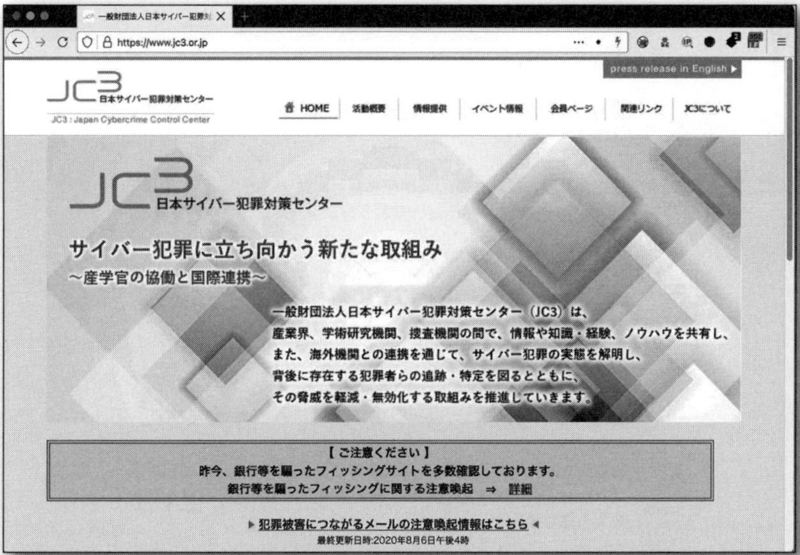

図 8-10　フィッシング詐欺の注意喚起をおこなう JC3 の Web サイト

JC3 はサイバー犯罪全体を扱う組織ですが、近年はフィッシング詐欺による被害が非常に多いため、そのコンテンツの多くがフィッシング詐欺の事例紹介やレポートとなっています。本書で何度か述べたようにフィッシング詐欺は、技術的な側面よりもサイバー犯罪としてとらえるべき側面が大きい存在です。そのような目線を見失わないためにも、JC3 の発信する情報には目を通しておくことをおすすめします。

大学からのお知らせ

現在、サイバーセキュリティを研究している大学で、フィッシングメールなど一般への脅威となる情報を広く情報発信しているところがあります。有名なのは、千葉大学と、電気通信大学です。

図 8-11　電気通信大学 Twitter によるフィッシングメールの注意喚起

どちらの大学も Twitter アカウントがあるため、フォローしておくといち早く情報をキャッチできます。

- 千葉大学情報危機対策チーム @CCsirt
- 国立大学法人電気通信大学 情報基盤センター @itc_uec

大学では、自組織に届いた不審メールを学内でいち早く分析して発信するところが多いため、一般的な企業／公的機関よりも情報が早いことが多々あります。そのため、チェックすべき情報源としてお勧めです。

公式サイトの「お知らせ」

忘れてはいけないのが、被害に遭っている各社の Web サイトです。最近はどこの会社も、自社を狙ったフィッシング詐欺が発生すると、自社の Web サイトに真っ先に「フィッシング詐欺のお知らせ」を掲載するようになっています。

図 8-12　フィッシングサイト注意のお知らせ
（Yahoo! セキュリティセンター [3] より引用）

実際、筆者がフィッシング詐欺の被害に遭った人に聞いたケースに、「フィッシング詐欺に引っかかり、ID とパスワードを盗まれてしまって

[3] https://security.yahoo.co.jp/news/0005.html

から公式サイトを見たところ、しっかりと注意喚起が出ていた。なぜ公式サイトを先に見なかったのか」と悔やんでいるケースがありました。何かの会社・組織を名乗るメッセージが来たら、まずは公式サイトを見るクセを付けるようにしましょう。慌てずに、まずは立ち止まって考えるのです。

またこの際には、先に述べたようにメッセージ内のリンクではなく、Web ブラウザのブックマークや公式アプリから安全に公式サイトへ接続するようにしてください。

8.4 詐欺への究極の対策は、「疑う」

本章では、フィッシング詐欺の対策として「見分けようとしない」「ブックマークや公式アプリから接続する」ことを挙げました。しかし、根本的に詐欺という犯罪は、「本当だろうか？」「今メールが来たこの相手は本物だろうか？」「ちょっと他の人に聞いてみた方が良いのではないだろうか？」という、ちょっとした疑い・気づきで防げることが多くあります。

どんなに技術が優れて進歩しても、人間の心の隙を突くフィッシング詐欺は、残念ながらなくならないでしょう。この世から、詐欺という犯罪はなくならないためです。

便利で楽しいインターネットを利用するために、皆さんは時には「疑う」気持ちを、決して忘れないようにしてください。

図表一覧（抜粋）

第9章 セキュリティとサイバー犯罪

これまでの章で、フィッシング詐欺の手口について学んできました。ところで詐欺というからには、このようなフィッシングサイトを作成する行為は、どのような法律に触れるのでしょうか。また、そこではどのような罰則があるのでしょうか。

本章では具体的な事例を交えながら、フィッシング詐欺に関連する法律やそこにまつわる諸問題について説明します。

9.1 不正アクセス禁止法

フィッシング詐欺に最も関係する法律が、この**不正アクセス禁止法**[1]です。正式な名称は**不正アクセス行為の禁止等に関する法律**ですが、一般には不正アクセス禁止法と呼ばれます。2000年（平成12年）に施行されました。

本書の冒頭で、「フィッシングサイトは、作って公開するだけで犯罪となる」という話をしました。その根拠がこの法律の第七条に書かれています。

[1] https://elaws.e-gov.go.jp/document?lawid=411AC0000000128

> （識別符号の入力を不正に要求する行為の禁止）
>
> 第七条　何人も、アクセス制御機能を特定電子計算機に付加したアクセス管理者になりすまし、その他当該アクセス管理者であると誤認させて、次に掲げる行為をしてはならない。ただし、当該アクセス管理者の承諾を得てする場合は、この限りでない。
>
> 一　当該アクセス管理者が当該アクセス制御機能に係る識別符号を付された利用権者に対し当該識別符号を特定電子計算機に入力することを求める旨の情報を、電気通信回線に接続して行う自動公衆送信（公衆によって直接受信されることを目的として公衆からの求めに応じ自動的に送信を行うことをいい、放送又は有線放送に該当するものを除く。）を利用して公衆が閲覧することができる状態に置く行為
>
> 二　当該アクセス管理者が当該アクセス制御機能に係る識別符号を付された利用権者に対し当該識別符号を特定電子計算機に入力することを求める旨の情報を、電子メール（特定電子メールの送信の適正化等に関する法律（平成十四年法律第二十六号）第二条第一号に規定する電子メールをいう。）により当該利用権者に送信する行為

なんだか難しいことがたくさん書いてありますが、ここで「識別符号」とは要するにIDとパスワードです。一で「公衆が閲覧することができる状態に置く行為」と書いてある通り、フィッシングサイトは作って公開しただけで犯罪となります。

また、第十二条に罰則が記載されています。

> 第十二条　次の各号のいずれかに該当する者は、一年以下の懲役又は五十万円以下の罰金に処する。
>
> 一　第四条の規定に違反した者
>
> 二　第五条の規定に違反して、相手方に不正アクセス行為の用に供する目的があることの情を知ってアクセス制御機能に係る他人の識別符号を提供した者
>
> 三　第六条の規定に違反した者
>
> 四　第七条の規定に違反した者
>
> 五　第九条第三項の規定に違反した者

つまり、フィッシングサイトは作って公開するだけで一年以下の懲役又は五十万円以下の罰金となる可能性があります。冒頭でも述べましたが、本書の内容を元に実験する際は、外部とのネットワークを遮断したご自分の部屋のなかなど、インターネットに接続されていない状態で実施してください。

なお不正アクセス禁止法の立法当時、あくまでこの法律は不正ログイン対策に向けたものであったため、フィッシングサイトを作ることは法律の対象外で違法行為とはなりませんでした。しかしその後、フィッシング詐欺による被害が増えて社会的に問題になったことにより、平成 24 年に法律が改正されフィッシングサイトの構築が明確に犯罪となりました。上記の第七条は、このときに新設されたものです。

今後、フィッシング詐欺に似ているものの、現行の不正アクセス禁止法では適用できないような攻撃手法が出て来るかもしれません。IT 技術の進歩とともに、不正アクセス禁止法も修正されていくことでしょう。

9.2 電子計算機使用詐欺（刑法）

フィッシングサイトの悪用で犯人が逮捕された場合、同時に適用されることが多いのが**電子計算機使用詐欺罪**です。これは刑法の詐欺を扱う第二百四十六条に書かれています。

> （電子計算機使用詐欺）
>
> 第二百四十六条の二　前条に規定するもののほか、人の事務処理に使用する電子計算機に虚偽の情報若しくは不正な指令を与えて財産権の得喪若しくは変更に係る不実の電磁的記録を作り、又は財産権の得喪若しくは変更に係る虚偽の電磁的記録を人の事務処理の用に供して、財産上不法の利益を得、又は他人にこれを得させた者は、十年以下の懲役に処する。

フィッシング詐欺によって盗まれたID・パスワードは、多くの場合はインターネットバンキングへの不正ログインなどにより金銭被害を発生させます。そのため、同時にこの電子計算機使用詐欺罪が適用されることが多いわけです。

詐欺罪と電子計算機使用詐欺は、基本的にほとんど差はありません。相手が人かコンピュータかの違いだけです。これはコンピュータが一般社会へと普及し始めた際に、公衆電話や業務用端末での不正行為が増えていったことが背景にあります。このような行為を従来の詐欺罪で扱おうとしても、「人」をだましたわけではないので詐欺が成立しません。そのため、1987年（昭和62年）に新しく電子計算機使用詐欺罪が作られました。

9.3 犯人逮捕の難しさ

フィッシングサイトが作られたとき、そのドメインや IP アドレス、そして契約しているレジストラやホスティング事業者は、警察でなく一般人でも調べることが可能です。これはインターネットの仕組みとして、WHOIS というサービスによりドメインや IP アドレス管理者が公開されているためです。

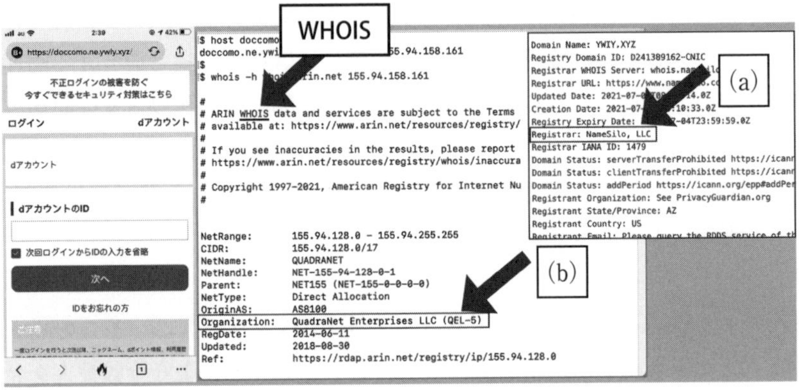

図 9-1　フィッシングサイトから管理者を調べる

例えば図 9-1 は、NTT ドコモのフィッシングサイトの情報を、WHOIS サービスを利用して調査している様子です。図の一番左にフィッシングサイトのスクリーンショットを付けました。このドメインは `ywiy[.]xyz` となっています。

(a) が、この犯人がドメインを取得した会社（レジストラ）を調べているものです。ここでは、NameSilo というアメリカのレジストラであることが分かりました。

また (b) は、このフィッシングサイトの IP アドレスへ WHOIS サービスを利用することで、犯人が利用したホスティング会社を調べている様子です。このフィッシングサイトは `155.94.158[.]161` という IP アドレスが使われており、このIPアドレスをWHOISサービスで調べたところ、QuadraNetというホスティング会社のIPアドレスを利用していました。私は警察官ではありませんし、特別な権限を持っているわけでもありません。しかし、このようにドメインやIPアドレスの管理者情報までは、誰でも確認することができます。実際、多くのセキュリティ研究者はこうしてフィッシングサイトの攻撃者のデータを収集しています。

「では、レジストラやホスティング事業者に警察が行って、契約している人を調べて逮捕すればいい」と思われるでしょう。先の例で言えば、NameSilo社やQuadraNet社を警察が捜査すれば簡単に逮捕できそうに思えます。しかし、実はこれがそんなに簡単な話ではありません。

まず、現在多くの国では、ドメインやサーバを提供しているレジストラやホスティング事業者のサービスを利用する場合、身分証明書等は一切不要でほぼ匿名で利用することができます。これは、厳格に身分証明書を求める携帯電話の契約とは大違いですね。実は携帯電話は過去に、架空名義の大量の携帯電話がオレオレ詐欺に使われたという苦い過去があり、それ故に**携帯電話不正利用防止法**という法律により現在は本人確認が義務づけられています。

> 第三条　携帯音声通信事業者は、携帯音声通信役務の提供を受けようとする者との間で、役務提供契約を締結するに際しては、運転免許証の提示を受ける方法その他の総務省令で定める方法により、当該役務提供契約を締結しようとする相手方（以下この条及び第十一条第一号において「相手方」という。）について、次の各号に掲げる相手方の区分に応じそれぞれ当該各号に定める事項（以下「本人特定事項」という。）の確認（以下「本人確認」という。）を行わなければならない。
>
> 一　自然人　氏名、住居及び生年月日
>
> 二　法人　名称及び本店又は主たる事務所の所在地

上記が、「携帯音声通信事業者による契約者等の本人確認等及び携帯音声通信役務の不正な利用の防止に関する法律（長いので、通常は携帯電話不正利用防止法と言われます）」の条文です。本人確認をするように、法律の第三条にしっかりと書かれていますね。

しかしその一方で、レジストラやホスティング事業者には、本人確認をするように求める法律の定めは日本を含めてほとんどの国で存在しません。このためフィッシングサイトの作成においては、偽名で堂々とサービスを申し込んで作られるというのが現実です。

このため攻撃者は、盗んできたクレジットカード１枚あればすぐにフィッシングサイトを作ることができます。もちろん申し込みの際に、氏名住所などを入れる欄はありますが、攻撃者はでたらめなものを入れます。申し込むときのインターネット回線も、さまざまな経路を悪用し発信元まで辿れないようにしています。このような事情により、契約者から犯人を捕まえるという簡単なことはできないのです。

それでも逮捕されるケース

それでも、いくつかの事件ではフィッシング犯の一味が逮捕されたというニュースはあります。これらは、盗んだID・パスワードやクレジットカード情報を元に、それを現金化しようとして買い物をしたりインターネットで利用したりしたときを押さえて逮捕しています。オレオレ詐欺でも事情は同じで、このように現金化する部分が攻撃者にとっては警察に目をつけられやすい一番の弱点です。

しかし残念ながら、このように逮捕される可能性がもっとも高い危険なところは、第７章で紹介した「出し子」がおこなっています。実際、このような事件で逮捕された容疑者の供述をニュースで聞くと、「頼まれてATMから現金を引き出した」「アルバイトと聞いて指定された買い物を行った」などが多いのです。犯人グループに小銭で雇われた、何の関係もない人が逮捕されるため、そもそもの元締めまではなかなかたどり着けません。これも、オレオレ詐欺と非常に似た構造となっています。

しかし、だからと言って逮捕が無駄というわけではありません。金銭被害を防ぐ・防犯活動・犯人への牽制、さまざまな意味を持つでしょう。筆者は日本の警察の、今後のさらなる活動を願ってやみません。

海外にフィッシングサイトがある場合

現在、日本人を狙う多くのフィッシングサイトは海外に作られています。このような場合、日本の警察はどこまで犯人を追うことができるのでしょうか。前述した通り、使っているレジストラやホスティング事業者の会社までは簡単に調べることができます。問題はその先です。

まず、各国にはそれぞれの国の法律があり、そこにはその国の法執行機関である警察がいます。このため、日本の警察が海外に乗り込んで日本の法律を根拠に海外で直接捜査・逮捕する、ということはできません。そのようなことをすれば、相手国の主権を犯したということで、大変な外交問題になります。アニメーション映画「ルパン三世 カリオストロの城」（モンキー・パンチ原作、宮崎駿監督、1979年12月15日）で、銭形警部が埼玉県警を連れてきて容疑者を逮捕しようとするシーンがありましたが、あれはあくまでフィクションの世界の話です。

ですから、日本の警察が海外のレジストラやホスティング事業者を直接捜査することはできません。このような場合は日本の警察が、国際刑事警察機構（ICPO：インターポール）やその他の外交ルートを使って、該当の国の警察へ捜査を依頼する（国際照会）、ということになります。

しかしこの国際照会は、重大事件でもなければ、現実的にはあまり積極的に行われません。しかも国際照会は大変に時間がかかり、返事が来るのが何か月も後、ということがしょっちゅうです。そうして捜査を進めていって、ようやくレジストラの契約時のアクセスログを求めたとしても、多くの場合は時間が経っているため既にそのログが削除済みであったりします。また、そもそも発信元を隠すような通信をしている場合はIPアドレスが分かってもお手上げです。

多くのサイバー攻撃は攻撃者側が有利と言われますが、フィッシングサイトは特にその最たる物です。攻撃者はフィッシングサイトを用意してメールやSMSをばら撒くだけですが、さてこれを逮捕しようとすると大変な手間と時間がかかり、しかも逮捕に至る可能性は非常に低いのが現状です。

もちろん、日本の警察をはじめ多くの官公庁や民間組織は、この事態を打開すべくさまざまな活動をおこなっています。筆者自身も、いくつかそのような活動に携わっています。この芽が育ち、いつか国外のフィッシング詐欺犯を逮捕できる日が来ることを信じて、筆者は日々活動しています。

9.4 国際法とTallinn Manual（タリン・マニュアル）

最後に、このような国をまたいだ犯罪を国際捜査する際に必要となる知識である、国際条約と国際法について簡単に触れておきましょう。

サイバー犯罪については、日本やアメリカ、ヨーロッパ各国が加盟している「サイバー犯罪条約」があります。しかしこの条約は未加盟の国も多く、まだまだ課題が残っているのが現状です。

サイバー攻撃に関する国際法ルールは2021年現在もまだまだ議論が活発で、国際的に誰もが納得しているような共通ルールはありません。そのような中で、一定の権威を持った文書が**Tallinn Manual（タリン・マニュアル）**です。この文書は国際学・国際法などの専門家がまとめたコメンタリーであり、現在は2.0がリリースされています[2]。

この文書には拘束力はなく、何かしらの制限を課したり、罰則を定めるものではありません。しかしその権威は高く、国際社会においてサイバー攻撃と法の支配について考える際の重要な基盤となっています。

日本では、これをコンパクトにまとめた「サイバー攻撃の国際法 タリン・マニュアル 2.0 の解説 [3]」という書籍が信山社から出版されています。興味のある方は手に取ってみてくださいとお伝えし、本書の本編を終えさせていただきます。

---

[2] https://www.cambridge.org/core/books/tallinn-manual-20-on-the-international-law-applicable-to-cyber-operations/E4FFD83EA790D7C4C3C28FC9CA2FB6C9

---

[3] https://www.shinzansha.co.jp/book/b357618.html

付録 1　参考情報

書籍

・増井敏克「おうちで学べるセキュリティのきほん」，翔泳社，2015 年
・みやもとくにお，大久保隆夫「イラスト図解式 この一冊で全部わかるセキュリティの基本」，SB クリエイティブ，2017 年
・辻伸弘「あなたのセキュリティ対応間違っています」，日経 BP, 2016 年
・齋藤孝道「マスタリング TCP/IP 情報セキュリティ編」，オーム社，2013 年
・クリストファー・ハドナジー「ソーシャル・エンジニアリング」，日経 BP, 2012 年
・セキュリティ集団スプラウト「闇ウェブ」，文藝春秋，2016 年
・Cheena「ダークウェブの教科書」，データハウス，2019 年
・四方光「サイバー犯罪対策概論 法と政策」，立花書房，2014 年
・「警察白書 令和 2 年版」，国家公安委員会・警察庁，2020 年
・不正アクセス対策法制研究会「逐条 不正アクセス行為の禁止等に関する法律 第 2 版」，立花書房，2012 年
・中谷和弘，河野桂子，黒﨑将広「サイバー攻撃の国際法ータリン・マニュアル 2.0 の解説」，信山社，2018 年

Webサイト

●フィッシング対策協議会 報告書類

・2005年4月に発足し、日本のフィッシング詐欺に関する事例情報、技術情報の収集及び提供をおこなっている機関です。本書でもレポート類など参考にさせて頂きました。

・https://www.antiphishing.jp/report/

●have i been pwned?

・セキュリティ研究者のTroy Hunt氏が提供している、自分のメールアドレスやパスワードが過去に盗まれていないかどうかを確認できるWebサイトです。本書では第3章で紹介しました。

・https://haveibeenpwned.com/

● JC3 日本サイバー犯罪対策センター

・警察庁の関連団体です。日本で発生したサイバー犯罪に対する情報集約・分析・共有をおこない、脅威の軽減、また海外機関との連携などを行っています。特に近年はフィッシング詐欺が多いことから、フィッシング詐欺関連の情報が豊富です。

・https://www.jc3.or.jp/topics/various_phishing.html

● APWG（Anti-Phishing Working Group）Phishing Activity Trends Report

・国際的なフィッシング詐欺対策の非営利団体です。世界中のセキュリティ会社、銀行などの金融会社、Web サービスを展開する企業などが参加しており、シンポジウムなども開催しています。本書でもレポート類を参考にさせて頂きました。

・https://apwg.org/trendsreports/

● STOP.THINK.CONNECT.

・「STOP. THINK.CONNECT.（立ち止まる、考える、楽しむ）」を合言葉に、インターネットを安全に楽しむための基本となる行動習慣を啓蒙している国際的な団体です。日本では、フィッシング対策協議会内の普及啓発活動ワーキンググループで活動に協力しており、セキュリティ企業やIT企業など多くの企業が参加しています。

・https://stopthinkconnect.jp/

● Kaspersky Daily: Roaming Mantis パート5 スミッシングによる拡散とリサーチャー避けテクニックの強化

・本書の第5章で紹介した、フィッシングSMSにより感染するAndroidマルウェアの詳細を解析した技術記事です。内容はかなり高度なため難しいかもしれませんが、軽く拾い読みするだけでもいかに攻撃者が緻密に作り込んでいるかが分かります。

・https://blog.kaspersky.co.jp/roaming-mantis-part-v/26912/

●フィッシングウェブサイトはいかに検索除け対策をしているのか

・本書の第６章で紹介した、フィッシングサイトを隠す手口（クローキング）について解説された記事です。実際のフィッシングサイトに使われていたソースコードを用いて丁寧に解説しているため、あまり技術知識がなくても参考になるでしょう。

・https://ninoseki.github.io/2018/11/04/phishing-anti-bot-feature.html

● Qiita: すぐ貢献できる！偽サイトの探索から通報まで

・付録で紹介した、フィッシングサイトの通報から takedown までをおこなう手引きです。実際にあなたの手でやるかどうかはともかく、世界のインターネットの安全は、警察やセキュリティ会社だけではなく多くの個人の活動で守られているということが分かるため、ぜひ目を通して欲しい記事です。

・https://qiita.com/v_avenger/items/2eeef2d69c85eb1570e8

付録 2　終わりに

フィッシング行為を見つけたら～通報のしかた

あなたがフィッシングメールやフィッシング SMS を受け取った際、ブックマークや公式アプリから正規サイトで確認するのが最善の選択であることは本書内で述べました。

しかし、それで終わりにせずに、「このフィッシングサイトをなんとかしたい」という正義感の強い方もいることでしょう。そこで、付録として簡単にできるフィッシングサイトの通報手順について解説します。

Google Safe Browsing への報告

第 6 章で紹介したように、Google は、悪意のある Web サイトをリスト化した **Google Safe Browsing** という巨大なデータを持っています。また、このデータは誰でも自由に利用できるように提供されています。

例えば図 1 は、Google がフィッシングサイトと判定している Web サイトを、左が Chrome、右が iPhone の Safari で開こうとして警告されている様子です。

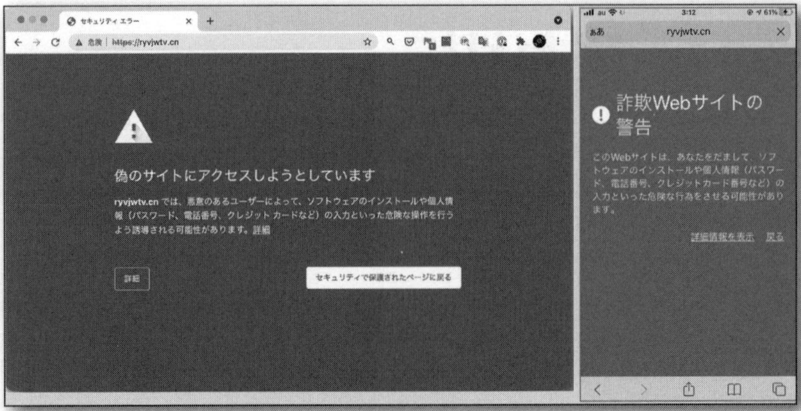

図 1　Google Safe Browsing で警告されているフィッシングサイト。左が Chrome、右が iPhone の Safari

これらの警告は Google の情報を元にして表示されています。現在では Google Chrome だけでなく、Firefox や Safari などの Web ブラウザもこのデータを利用してフィッシングサイトの警告を出しています。そのため Google Safe Browsing にいち早くフィッシングサイトを登録できれば、被害者を減らすことができます。

この Google Safe Browsing への報告は、特に Google と契約していなくても、そして専門家でなくても、誰でも自由にできます。この本を読んでいるあなたでも、簡単に報告できます。

図 2　Google Safe Browsing の報告サイト

図 2 が、Google Safe Browsing の報告サイトです。以下はその URL ですが、「フィッシング詐欺の報告」と Google 検索すれば簡単にたどり着けますので、いちいち URL を打ち込むよりは検索した方が楽でしょう。QR コードも付記しておきます。

・https://safebrowsing.google.com/safebrowsing/report_phish/?hl=ja

報告方法は簡単で、フィッシングサイトの URL を入力し、「私はロボットではありません」の bot 避け（機械的なアクセス・攻撃を防ぐ仕組み）の reCAPTCHA を押してから「報告を送信」するだけです。「詳細情報」の項目は、空っぽでも問題ありません。

あなたのちょっとした行動で、誰かが犯罪被害に遭うことを防げるかもしれません。フィッシングメールやフィッシング SMS を受け取ったら、ぜひその URL を Google Safe Browsing へ報告してください。

フィッシング対策協議会への報告

読者の皆さんの中には、もっと自分自身の手でフィッシング詐欺対策に役立ちたい、と思う方もいるかもしれません。そのような方は、さらに一歩進んだ報告ができます。それはフィッシング対策協議会への報告です。

フィッシング対策協議会 [1] は、その名の通りフィッシング詐欺への対策をおこなっている機関です。そのため、一般の方からも広く情報を集めています。報告はメールまたは Web サイトで行えますが、簡単な Web サイト報告がお勧めです。

フィッシング対策協議会の Web サイトから、「フィッシングの報告」を押すと、報告用の Web フォームが用意されています。そこにフィッシングサイトの URL と、攻撃対象となっているブランド（○○カード、など）を選ぶだけで簡単に報告できます。またその他に、任意のアンケー

[1] https://www.antiphishing.jp/

トがありますので、答えて良いという方は一緒に情報提供してください。

フィッシング対策協議会へ報告したURLは、さまざまな関係組織へと連携されます。あなたが自分自身の手で注意喚起するよりも、フィッシング対策協議会に届け出て注意喚起してもらえば、より多くの方に広報することができます。

自分のちょっとした行動ひとつで、日本のインターネットセキュリティを守るお手伝いができると考えると、ワクワクしませんか。ぜひ、一度はフィッシング対策協議会にフィッシングサイトを報告してみてください。

さらなるインターネットへの貢献

皆さんがフィッシング対策協議会へフィッシングサイトのURLを報告すると、その後は何が起こるのでしょうか。

フィッシング対策協議会では、まずそのサイトが本当にフィッシングサイトであるかどうかを確認した後に、フィッシングサイトのドメインとIPアドレスを調べます。そしてそれぞれの管理組織であるレジストラとホスティング会社に、フィッシングサイトを閉鎖してくれるよう依頼する報告を送信します。このような、フィッシングサイトを閉鎖する処置をテイクダウン（takedown）と言います。

実は、このテイクダウンも一般の方がおこなうことができます。ただし報告は英語で書く必要がありますし、きちんとしたレポートとして報告しないと相手にも迷惑をかけてしまいます。そのため、本書ではそこまで積極的におこなうことは推奨しません。

とはいえ、自分でテイクダウンまでおこないたいという方もいることでしょう。そのような方のために、林憲明氏がQiitaに「すぐ貢献できる！

偽サイトの探索から通報まで [2]」という記事を公開されています。

このような報告は、基本的なネットワーク知識やセキュリティ知識を持っていないとなかなかできるものではありません。しかし、どのようにしてインターネットの平和が守られているかを一般の方に知って頂くだけでも、サイバーセキュリティ業界に従事している方々の励みになります。実際にテイクダウンを自分の手でおこなう必要はありませんが、そのような「インターネットがどのように守られているのか」を知るためにも、ぜひ上記の記事を読んでみてください。

[2] https://qiita.com/v_avenger/items/2eeef2d69c85eb1570e8

索 引

あ

か

さ

た

な

は

ま

やらわ

著者紹介

大角　祐介（おおすみ　ゆうすけ）

■略歴

2002 年 大阪大学理学部物理学科卒業。

2004 年 大阪大学理学研究科物理学専攻修了。

ISP（インターネットサービスプロバイダ）、セキュリティベンダなどを経て、現在はネット企業にてセキュリティ部門に所属。サイバーセキュリティの中でも、特にサイバー犯罪に直結する、不正アクセス・フィッシング詐欺・個人情報保護などに注力。

■保有資格

情報セキュリティスペシャリスト

CISSP（Certified Information Systems Security Professional）

CISA（公認情報システム監査人）

テクニカルエンジニア（ネットワーク）

電気通信工事担任者（アナログ・デジタル総合種）

第三級アマチュア無線技士

　など

■登壇・講演

・Internet Week 2019「Webサイト改ざんにより盗まれるクレジットカード情報」
　https://www.nic.ad.jp/ja/materials/iw/2019/proceedings/d2/

・九州大学 社会人向け講義 enPiT Pro「脆弱性診断」

・MixLeap Study サイバーセキュリティ最前線 2019 「フィッシング詐欺と如何に戦い、そして如何にして勝つか」

・AVTOKYO 2020 Phishing Village
　「AVTOKYOフィッシング語らナイト」@ozuma5119
　https://www.avtokyo.org/2020/event

・JNSA（日本ネットワークセキュリティ協会） PKI Day 2016
「Certificate Transparencyを知ろう ～証明書の透明性とは何か」
`http://www.jnsa.org/seminar/pki-day/2016/`
など

■取り上げられた記事

・朝日新聞 偽サイト見つけるプロ　意外にシンプルな監視術
`https://www.asahi.com/articles/ASN9254ZVN8XULFA009.html`

・ScanNetSecurity eスキミング：その手口と対策
`https://scan.netsecurity.ne.jp/article/2020/10/22/44723.html`

・フィッシング詐欺、脆弱性にどう立ち向かうのか
～サイバーセキュリティ最前線イベントレポ～
`https://techblog.yahoo.co.jp/entry/20191028772271/`

・（記事広告）　ここが変だよ日本のセキュリティー
`https://japan.zdnet.com/extra/yahoo_201907/35138904/`

・InternetWatch 「事業者はID・パスワードが盗まれる前提でシステム設計を」、リスト型攻撃を防ぐためにヤフーが推進するパスワードレス認証
`https://internet.watch.impress.co.jp/docs/news/1205026.html`

■著書

・新しいLinuxの教科書
三宅 英明・大角 祐介　共著
2015/6/6、440ページ、9784797380941
SBクリエイティブ

・UNIXシェルスクリプト マスターピース132
大角 祐介　著
2014/6/25、432ページ、9784797377620
SBクリエイティブ

• イラスト　えなみかなお（asterisk-agency）

正しく怖がるフィッシング詐欺

2021 年 10 月 20 日　　第 1 版第 1 刷発行

著　者　大 角 祐 介
発行者　村 上 和 夫
発行所　株式会社 オーム社
郵便番号　101-8460
東京都千代田区神田錦町 3-1
電話　03(3233)0641(代表)
URL　https://www.ohmsha.co.jp/

組版　さくら工芸社　　印刷・製本　三美印刷
ISBN978-4-274-22767-7　Printed in Japan